JN045889

SHARE THE LOVE

大地を愛する人々

「SHARE THE LOVE for JAPAN」Book 制作委員会

TWO VIRGINS

What is

SHARE THE LOVE ?

Beginning

始まりは2011年。

わたしたち「SHARE THE LOVE for JAPAN」は、東日本大震災の影響により、移住を余儀なくされた農家支援を目的として活動を始めました。

2011年3月11日。あなたは、あの日、どこで何をしていたか覚えていますか。そして、東京では、スーパーやコンビニから一切の食べ物が消えたことを覚えていますか。どんなにお金があっても、そこに食べ物がなければ人間は生きていくことができない。そう感じた人も多いのではないでしょうか。

今から、この本で紹介するのは、日々、土と格闘しながら、わたしたちに、安心で安全な食べ物を育てて、届けてくれている農家たちです。

当初の農家支援の枠を超えて、わたしたちの活動には全国のたくさんの農家が賛同してくれるようになり、活動開始から10年経った今となっては、およそ80名もの農家が集うユニークなコミュニティへと成長しました。勉強会を開いたり、イベントを企画したりしながら、農家同士が知見を共有しあい、共に成長するコミュニティ。それが、『SHARE THE LOVE for JAPAN』なのです。

野菜、米、果樹など、それぞれが住む場所も育てる作物も違う農家同士ですが、ひとつだけ共通した思いでわたしたちはつながっています。

それは、「大地にやさしい農業」を未来へ受け継ぐことです。

わたしたち人類は、今、大きな岐路に立っています。地球資源の枯渇、気候変動、大規模な干ばつや災害。これらはすべてわたしたち人類が引き起こしたものです。

そんな大きな岐路で、目の前の大地を豊かな自然と共に未来へ届けるために、今日も、ただ、黙々と大地に立つ農家たち。彼らの姿を見つめ、彼らの声に耳を傾けてください。あなたの中に、新しい気持ちや行動が生まれるかもしれません。それが、農家がまく、未来と可能性という種なのです。

大渡 清民 おおわたり きよたみ

Hello Farm Organics ｜ カナダ オンタリオ州

我を無くしてこの世に尽くす。
禅の心で、大地と一体になって生きていきたい。

　若い時、18歳頃から旅に出たりして、20歳過ぎに宗教に目覚め、禅の修行を20年ほどしました。　きっかけは、「何のために自分は生まれ、何をしなくちゃいけないんだ？」という問いかけから。　その回答が仏教にありました。　簡単に言えば仏教の教えは、我を無くしてこの世の中に尽くす。　そういう修行です。

　なぜ有機農業に至ったのか、その根本にあるのは環境問題。　そして、健康であるための食の安心安全です。　土の中にいい微生物が多ければ、安全で美味しい野菜ができます。　この大自然に育てていただいて、自分はあくまでもサポート。自然と調和できればいい野菜ができると思います。

　東日本大震災により、茨城県から京都へ。そして、この夏、妻がかつて有機農業をやっていたカナダのトロント郊外へ再び移住を決意しました。ファーマーズ・マーケットが盛んな地、有機農業や環境への取り組みも進んでいます。新天地での経験も、日本の仲間に発信していきたいです。土地が変われば土も変わり、気候も変わります。有機農業は土がいのち。奥深く一生勉強しながら、続けたい仕事です。土に触れて大地と一体になって生きられる。それと関わる仏教も一生続けたいです。

小田島 正博　おだじま まさひろ

小田島農園 ｜ 島根県 美郷町

環境問題への思いから選んだ農の道。
創意工夫で楽しみながら、自給自足を目指したい。

　以前は、自然食品店やリサイクル会社で働くサラリーマンでしたが、食とエネルギーの自給自足に目覚めて、農家になりました。2011年、福島の原発事故がきっかけで埼玉から島根に移住して、農薬や肥料もまったく使わない自然栽培の米作りを実践しています。農園のある島根県美郷町は中山間地に位置し、獣害や広い畔の草刈りが大変ですが、寒暖の差があり、水もきれいで、美味しい米のとれる高原地帯です。

　理想としては、できるだけ自給自足をベースにして、農産物も手間ひまを惜しまずさまざまな工夫をし、なにより自分がエコでローコストな暮らしをすることで、価格を抑えたいと思っています。安全性にも十分、気を配って生産しています。

　ここ2、3年、米農家としてやっと自立していけそうな手応えがつかめました。リピーターが多く、味や品質について褒めてもらうことがあり、やりがいを感じています。反面、繁忙期は農作業に追われ、本来の目的の自給自足という態勢を実践できていないのが課題。いろんな面でもう少し余裕を持って暮らしていけるよう、創意工夫して楽しんでいきたいと思っています。

阪本 瑞恵 さかもと みずえ

むすび農園 ｜ 長野県 松本市

自分とつながり、人とつながり、大地とつながる。
畑が与えてくれる生きる喜び。

　環境・国際協力のNGOスタッフをしていた時、お世話になっていた茨城の
農家さんの話を聞いて、「自然のリズムと共に生き、生まれ持った生きる力を
発揮して暮らしてみたい」と強く思って就農し、2008年より茨城で『むすび
農園』を始めました。2011年、震災を機に長野県松本市に農園を移転し、雄
大なアルプスが一望できる気持ちのいい畑で、農薬や化学肥料を使わずに野菜
を育てています。

　はじめは出荷作業だけだったお手伝いも、気づけば40名ほどの方たちがい
らしてくださるまでになり、今では農作業から収穫出荷までほとんどの作業を
皆でやっています。一人の方も子連れの方も、いつでも気軽に来られる場があ
り、話ができる仲間がいる。畑が中心にあることで、体を動かして働く喜び、
食べ物を作りいただく喜び、自然のリズムと共に暮らす喜び、そんな誰もが本
能的に求めている生きる喜びが広がっていくように思います。

　「社会を変えたい」と活動に邁進もしましたが、自分が幸せと感じることか
ら喜びを広げるほうが地球全体が幸せになる早道かな、と感じるようになりま
した。大地のエネルギーで、食べる方の心と体が喜ぶような作物を、この先も
松本の地で仲間と作っていきたいです。

坂本 勝 さかもと まさる

ぷらっと農園 │ 長崎県 五島市

五島列島の地で立ち向かう先に見える景色。
「農」に寄り添う暮らしの喜びをご一緒に。

　自分の生きる道は農業しかない、と脱サラして群馬で就農したのが1995年のこと。2011年、東日本大震災により、長年暮らしてきた群馬を離れ、五島に移住を決意します。群馬にいる多くの仲間を振り切っての決断。形にしなければ仲間に顔向けできないという思いは生半可なものではありませんでした。

　五島では有機農産物はあまり出回っていません。そんな中だからこそ、地域の活性化へとつながる有機農業の可能性を感じ、模索するなかで農業に取り組み、育てた野菜やこだわりの自然食品を販売したり、有機野菜を用いた、体が喜ぶ軽食をご提供する『ねこたまショップ＆カフェ』を夫婦でオープンしました。2021年には、農業体験を通して土に触れる喜びを味わってもらえるよう宿のオープンも実現し、「農」に寄り添う暮らしの体験拠点を、五島の地で少しずつ育んでいます。

　鳥がさえずるなか畑に向かい、草取りし、実りを収穫する。作物が芽吹く姿に手をたたき、新緑に生命力を感じる。薪を割り、落ち葉を拾い、火を焚き、野菜を刻み、汁を煮る。そんな「農」に寄り添う暮らしこそ、自分たちにとって譲れないもの。この喜びを共有していくことが私たちの願いです。

村田 謙虚　むらた けんきょ

千葉県 木更津市

7世代先の子孫のために、
持続可能な農業を広めることが僕の仕事。

　アトピーで苦しみ、食べ物によって出る症状が違うことに気がついたことから、自分が食べられるものを自分で作りたいと有機農業を志しました。岩手県陸前高田市で農業研修を受け、果樹や野菜を作る農家として就農しますが、2011年、東日本大震災で農園すべてが流されました。

　その後、大分県国東（くにさき）市に夫婦二人で移農。やったことのない米作りを、肥料も農薬も使わない自然栽培で始め、2ヘクタールから始めた農地は6年目には12ヘクタールにまで広がりました。自然栽培について得られる情報が少なく、すべて手探り状態。「できることはなんでも自分でやってみる」の精神で、トライ＆エラーを重ねていくなかで、土と向き合い、バランスを整えてあげれば、自然栽培の田んぼでも、慣行農法以上が収穫できることを実感するようになりました。

　自然栽培で育てられた作物を食べ、あれだけ苦しんだアトピーも症状が出なくなりました。今度はより多くの同じような悩みを抱えている人に届けたい。持続可能な農業を全国に広げていきたい。その思いを胸に、新しい挑戦を千葉で始めました。自分や家族のため、アレルギーで食べられるものが少ない人たちのため、7代先の子孫のために、これからも挑戦を続けていきます。

雲英 顕一　きら けんいち

ありがとうファーム ｜ 岐阜県 飛彈市

心と体に幸せをもたらしてくれる、
農と福祉のコミュニティを育てたい。

　20代中頃から環境や食料問題などを考えるようになり、無農薬有機栽培農家にて週末農業を経験後、脱サラして千葉県で就農。2011年、震災による放射能汚染を危惧し、岐阜県飛騨市に移住を決意しました。その後、ある人から「あなたの心が作物に出ているのよ」と言われたんです。その意味がようやくわかってきて。作物の声が聞こえるというと大げさですが、食べてくださる方を本当に思って、最後は愛というか。作物に対しても、お客様に対しても、自分の中で嘘偽りない気持ちで接すると、やっぱり変わってくるなと。

　作物が全然できない時に自分と向き合って、なんのために有機農業をやっているのかを、ずっと考えていたんです。自分の作ったものが人様の体の栄養になって役に立ち、引きこもっていた人が、大地に触れ、農との関わりの中で少しずつ社会生活を取り戻す。やっぱり心から出てくるのは「皆が幸せになる」ということ。

　今、この地で、農と福祉のコミュニティを作らせていただいています。どこまでできるんだ、というのはありますが、信頼できる仲間がいて、自分自身が気をつけるところ、進むべき道がわかっていて、生かしていただいている。感謝ができることが幸せですね。

橘内 孝太　<small>きつない こうた</small>

長野県 伊那市

この土地で百姓する意味を考えてきて、
土や技、先人からの恵みをつなぎたいと思った。

　福島県で父が有機農業を営む家庭で育ちましたが、農家になろうとは考えていませんでした。山形県にあるキリスト教独立学園での高校生活で、農作業や牛の世話を行い、育ってきた環境である畑や、作物を育てることが好きなのだと気づかされました。父のやってきたことをつないでいこうと決意し、農業者大学校に進み、卒業後は福島に戻って就農しました。

　就農9年目、震災による原発事故が起こり、福島での農業を断念し、長野県に移住しました。耕作放棄地を借りてから土が整うまでは長い道のりでしたが、福島の畑で当たり前に作物の栽培ができていたのは、父がやってきたからだということを身をもって知らされました。田や畑、大地は先人がつないできてくれたもの。福島を出ることがなければ、ここまで実感することはなかったと思います。

　新たな緑肥として、また収益性の面から、箒（ほうき）もろこしの栽培を始めました。松本箒の職人さんに、箒を作る人も箒もろこしを育てる農家もほとんどいないと聞き、松本箒を残すことに関わりたいと思いました。長野の地で暮らして百姓をする意味を考えてきて、土や技、先人からの恵みをわずかでもつなぐことができるなら、この土地にいる意味が少しでも感じられる気がします。

小島 冬樹　<small>こじま ふゆき</small>

あきふゆ農園 ｜ 三重県 多気町

生きることは食べること、食べることは生きること。
耕す土地がある限り、田畑の恵みに感謝していただく。

　青年海外協力隊員としてアフリカのジンバブエで３年間園芸の栽培指導に従事し、その後、海外での農村調査にも赴きました。その中で土に向き合う人々の姿を目にして、生きること、食べること、作物を作ることの大切さを感じ、日本で自分にできることがあるのではないかと考え、就農に至りました。

　2011年、震災による原発事故をきっかけに茨城県から三重県に移住し、耕す土地がある限り、という思いで農業を再開しました。移住先で温かく受け入れてくださった地元の方々や、新たに顧客になって私たちを支えてくださっている方々には本当に感謝の気持ちでいっぱいです。お客様の「毎週届く野菜を楽しみにしている」、「美味しい！」という言葉を励みに田畑に向かう日々です。

　「生きることは食べること、食べることは生きること」ということをアフリカでの暮らしの中で感じ、農の世界に足を踏み入れた思いは今も変わりません。田畑でとれた恵みに感謝し、いただけることに感謝し、自分たち家族だけでなく食べてくださるお客様にもお分けする、農業というより、むしろ農のある手作りの暮らしを楽しみながら、特に子どもたちに「美味しい！」と言ってもらえる作物作りを目指していきたいと思っています。

髙松 賢 たかまつ けん

そよふく農園 ｜ 大分県 臼杵市

自然と土と人の温かさに触れながら、
農のある自給的な暮らしで生きていきたい。

　東京で会社員をしていましたが、環境問題や世界の貧富の格差に関心を持つようになりました。そこで、生活を足元から見直そうと自給自足に近い暮らしを目指して会社を退職。耕さず、草や虫を敵とせず、農薬・化学肥料を用いない自然農を学び、栃木県で就農します。

　2011年、福島原発事故により、子どもたちのことを考えて岡山県に移住しました。自然農を実践するには厳しい土地で、畑仕事をやっている気持ちよさも半減してしまうほどに土との格闘の日々でしたが、学びも多くありました。

　2016年、自然と土と人の温かさに魅了され、大分県に再移住を決意します。自然農を、大型機械に頼らず、鍬や鎌など昔からの農具と身一つでこなしています。また、ここで育った野菜の種をとって残し、つないでいきたいと思っています。少しずつ土も変わってきて、畑に立っているのが気持ちよく、思いのこもった畑で育った野菜を、子どもたちやお客さんに美味しいと食べてもらえるのが、モチベーションにつながっています。これからも自然と寄り添うように農のある自給的な暮らしをして生きていきたい。そのための模索は続きますが、10年前から変わらない思いは、たぶん10年先も変わっていないと思います。

丹野 良地　<small>たんの りょうち</small>

丹野農園　｜　長野県 上田市

自然にまかせた「天然農法」で、
お客さんにいいものを食べてもらいたい。

　もともと父が福島県で有機農業を営んでいて、自分もノルウェイで1年間、酪農や農業を学んだ後、福島で就農しました。2011年、東日本大震災が起きて、父が40年以上にもわたって育んできた農園に見切りをつけ、一家で長野県上田市に移住しました。

　新しい地で、土づくりからの再出発。土質と気候の条件で収穫量も同じようにはいきませんが、自然にまかせた「天然農法」であることは変わらないですね。やっぱりお客さんにいいものを食べてもらいたいという、それだけです。美味しかったって、その声が聞けるのが一番だと思います。

　地域の人たちが、学校を盛り上げようと、コミュニティ・スクールというのを続けているんですけれど、仲間に入れてもらっています。そこで小学生にうちのにんじんを食べてもらった時、「味の濃さが違う」と、感想をもらいました。有機農業のいいところは、とったものをすぐに食べられること。味が凝縮されている感じがします。殺虫剤を使ってある虫を殺せば、別の虫が大発生して自然のサイクルを狂わせてしまう。自分が自信を持って作って、これならお客さん食べてくれるかなっていう作物をこれからも作っていこうと思っています。

吉田 優生　よしだ まさき

吉田農園 ｜ 長野県 上田市

地球や土地から収奪せずに、
真に生命力にあふれる野菜を作りたい。

　若い頃からずっと、いつかは仕事として農業をやりたいという気持ちがあり、有機農産物の流通業に従事した後、就農しました。大阪の共同農場で3年間過ごした後、結婚して福島へ。福島では炭焼きを営む夫の手伝いをしながら自給用の米と野菜を作っていましたが、東日本大震災の後、長野県に移住しました。この時、「何が確かなものなのだろう」という思いが強くなり、新しい土地でどう生きるかを考えた時、改めて農業で生きていこうと決めました。

　もともと私が有機農業をやりたいと思ったのも、子どもの頃、公害がひどい時代だったことと関係しています。地球や土地は子孫からの借り物だといいますけれど、現代は、地球や土地から収奪しているように思うんです。だから、せめて農薬などで汚したくはないんです。

　食べて美味しく、心と体を元気にする野菜作りを目指しています。有機栽培だから安心というだけではダメで、真に生命力にあふれた野菜を作ることが目標です。もちろん、お客さんに食べてもらって、喜んでもらえるのは一番なんですけれど、外で農作業するのは、本当に気持ちがいいんです。農業がすごく好きなので。こうして思う存分、好きな農業ができるのは幸せなことです。

Sustainable

　ある米農家が言った言葉が忘れられません。

　「米作りって弥生時代からずっと続いているんです。そんな企業って他にありますか？　米は育て方を受け継いでいけば永遠に続けていくことができるんです。これはすごいことなんです」

　この言葉には、「サステナブルとはなにか？」という問いに対する答えが詰まっているように思います。

　米は生命、田んぼは大地。大地を守り続けながら、生命を育む循環を営み続けること。そして、なにより忘れてはならないのが、自分たちが生まれるよりもずっと前から、田んぼを守り、米を育み続けてくれた先人たちのおかげで、今、わたしたちも生きる＝食べることができているということ。

　サステナブルというと、「未来」を向いたストイックな思考が先立ちますが、本来は、わたしたち自身の暮らし自体もサステナブルなものだったのではないでしょうか。

　見つめ直して、取り戻すこと。それもサステナブルだと思います。

東樋口 正邦　とうひぐち まさくに
eminini organic farm ｜ 奈良県 平群町

畑から虹を。
素晴らしい環境を次の世代につなぎたい。

　大学受験に失敗した18歳の春、僕は将来の妻と出会い、「いつか2人で、地球を守る仕事をしよう」とプロジェクト名をemininiと名付けました。その時は何をするか見えていませんでしたが、自分たちの感性を大切にしながら、幸せになるための選択を続けてきた結果、農業という形になりました。実家で代々続いてきたこの土地を、自分も同じように耕すことで、次の世代に素晴らしい環境をつなぎたい。「畑から虹を」がモットーです。

　たくましく美しい自然の中に立つと、自分もまた、循環の一部なのだと感じます。それが腑に落ちたとき、「今を生きる」という言葉の意味がわかり、すべての縛りから解放されました。農業は天候など予測不能なリスクがつきもので、先のことばかり考えてしまうと不安に駆られますが、今日の作業に集中すると、自然と不安は解消し、農作業ができることへの感謝の気持ちが溢れてきます。周りの人、地域の自然、気持ちのいい空、すべての環境への感謝です。そんな幸せな気持ちで農作業に当たれば、自然は応えてくれ、その時々のベストな恵みを与えてくれると感じます。そんなemininiの作物を通じて、皆様にhappyをお届けしたいと思っています。

仲澤 康治 なかざわ こうじ

そらつち農場 ｜ 埼玉県 小川町

僕の田んぼの土に触れてほしい。
そこで「自然の循環」を感じることが社会を変えていく。

　農業って、土に触れて初めて感じる部分があると思うんですよ。子どもは泥んこになり、大人は無心で作業する。そうすることで、自然が循環していることを少しでも感じてほしいんです。原発事故を目の当たりにして、「美味しい野菜を作る」有機栽培の世界から、もう一歩踏み込んで「持続可能な社会を目指す」有機農業の世界に飛び込もうと決意しました。持続可能な社会を作っていくには、土に触れて自然の循環を感じられる場所を多くの人に提供しつづけることが一番の近道なのかなと感じています。

　古民家を購入して、そこを有機農業体験、里山の自然体験の拠点にしようと考え、整備を進めています。活動の一つとして「下里（しもさと）有機田んぼ教室」を開催。都会の人たちに有機の米作りを体験してもらう場を作っています。また、生き物が豊かな田んぼには、きれいで豊富な沢水が不可欠なので、手入れされず、荒れた山の再生も一緒にやりたい。そうやって人間の有機的暮らしを軸に、昔は当たり前にあった山、里、田畑、川をつなぐ自然の循環を復活させて、それを理解する人が少しずつ増えていけば、自然と社会も変わっていくと確信しています。

長谷川 翔太 はせがわ しょうた

はせがわ農園 ｜ 静岡県 富士宮市

自然の力を分析し、
試行錯誤しながら育てる。

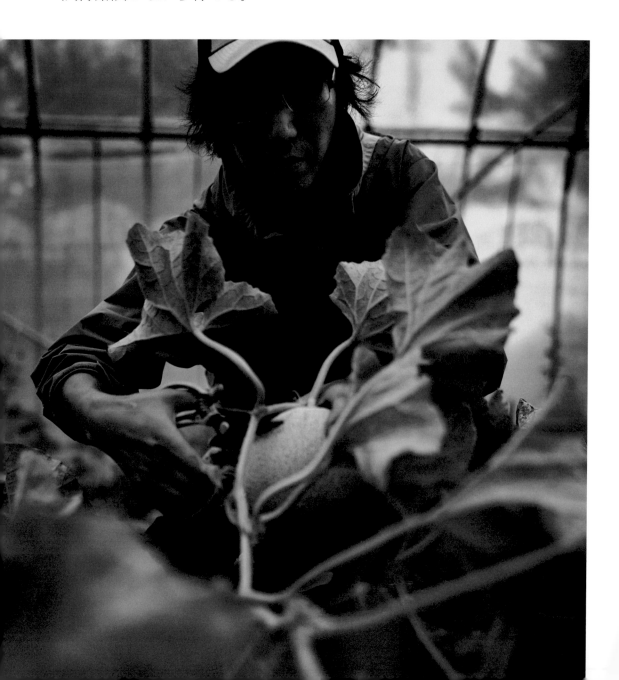

　生き方を模索していた28歳の時、たまたまテレビで『奇跡のリンゴ』の木村秋則さんを紹介する番組を見たんです。それが転機になりました。北海道の実家の近くに、木村さんの自然栽培農学校があると知り、すぐに入学したんです。最初は「畝（うね）を立てましょう」と言われても意味がわからず、スコップで穴を掘っていた。そんなところから、僕の農業はスタートしました。

　今は、自然の循環や作物が育ちやすい環境を考えながら、無肥料無農薬の自然栽培で、野菜や桃、メロン、すいかを育てています。いつも考えるのは、作物の生育に合った水と温度と光合成をいかに植物の働きと結び付けられるかということ。作物は、僕の技術で育っているのではないんです。無肥料無農薬と聞くと特別な栽培と思われますが、まったくそんなことはありません。ハーブのように、種を植えて放っておいても育つ作物があるように、どんな気候にも順応できるような、作物が持つ本来の生命力に自分の都合を押し付けなければ、作物は元気にすくすくと育ちます。簡単ではありませんが、収穫する作物、特に果物の美味しさは絶品です。美味しすぎて、また来年も頑張ろうと思うほど。びっくりする美味しさをお客様にお届けしたいといつも思っています。

梅津 裕一　<small>うめづ ゆういち</small>

あんばい農園 ｜ 千葉県 千葉市

ひとに、環境に、良いあんばい。
畑を教室に、自然の楽しさと尊さを伝えています。

　子どもの頃から海が好きで、大学と大学院では深海生物を研究していました。その後、理科教員として中高一貫校で働いている時に体調を崩し、療養中に菜園を始めたら、とにかく面白くて農業への挑戦を決めました。

　落花生は、黄色のかわいい花が落ちた後に出てくる管が下に向かって伸びて、その先端が土に触れると実がつきます。花が落ちて次のいのちが生まれる。これが「落花生」の名前の由来で、なにより生態がとても面白いんですよ。

　もともと教えることが大好きな自分が、畑で授業の題材になる作物を育て、自然の楽しさや生育過程も伝えることで人と農業をつなげていこう、そう思って、落花生を栽培しています。お客さんを畑に招いて生態について説明し、収穫体験の後に落花生を味わってもらう体験学習農園のスタイルもできあがりました。

　自然環境は、数多の要素を過不足ない安定した状態に調律して保つことができると思います。ただし、それは人間が与える影響が小さい場合。だから僕は、農薬や化学肥料や堆肥など使わなくて済むものは使いません。自然のサイクルに寄り添った「良いあんばい」の循環を、この畑で作っていくのが目標です。

松﨑 悠生 まつざき ゆうき

ドとソとミ ｜ 愛媛県 松山市

受け継がれてきた土地と種。
そこに託された記憶を次代へ継承する。

　私の畑は、先祖から代々受け継いできた農地です。祖父も父も別の仕事をしながら、稲作や自分たちで食べる野菜を栽培して、現代までつながってきました。私はこの農地を引き継ぐことに正直プレッシャーを感じていましたが、兼業ではなく「農業を本業にしたらいいのでは？」と思った瞬間に、一気に未来が開けていく感覚になったのを今でもはっきりと覚えています。

　化学肥料や堆肥を長年与えつづけて疲弊した土地を、燕麦（えんばく）などの緑肥で浄化して、腐植分豊かな暖かく柔らかな土にしていきます。その畑で、地元に根付いていて今では希少になった在来品種の野菜を育てて、次世代へとつなげていくこともひとつの目標です。野菜の種は、とり続けることで、その土地の記憶を次世代へつなげ、その土地により適した子孫を残す機能があるといわれています。私も圃場（ほじょう）に根ざした力強い野菜を育てていけるよう、土づくりと種とりに力を入れています。土の暖かさと匂い。空から降り注ぐ光や雨、風。青々とした鮮やかな緑や、実る野菜。記憶と結び付くような体験や農と暮らしなど、次世代へつないでいきたいものごとを、農業を通じて発信していきたいと思っています。

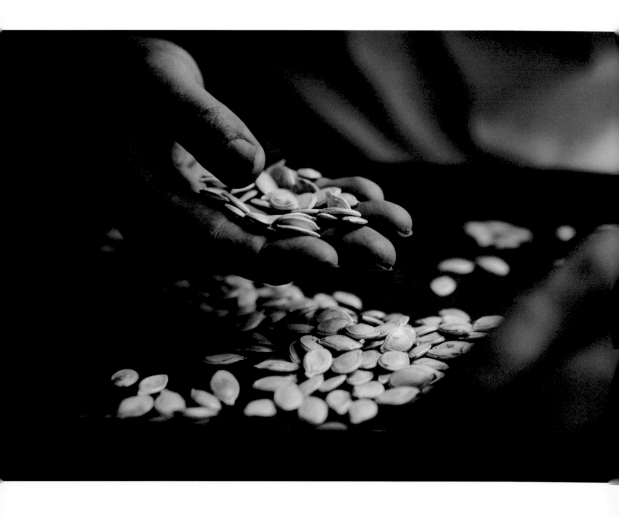

川口 晃平　かわぐち こうへい

organic farm つちのわ ｜ 岡山県 和気町

小学生の頃から持ち続けた環境への意識。
農業を生業にして、美しい自然環境を守りたい。

　小学生の時に、地球温暖化のドキュメンタリーを見てから、ずっと環境問題に関心があり危機感を抱いていました。母には、「晃平は、小さい時から一人で地球温暖化と戦っていた」と言われるほど。10年間、会社勤めをしていたんですが、大量生産・大量消費・価格競争の世の中で、ものがあふれていることに疑問を感じていました。環境負担の少ない暮らしや生き方ってどうしたらできるだろうって考えるなかで、農業だったら、作物を作るのも自然の速度でできるし、作りすぎてしまったものも土に還せるよな、面白そうって思ったんです。そこから、まずは家庭菜園を始めました。実際にやってみると、自然のリズムの中に身を置く心地よさや、土から生まれて土に還る作物のいのちの営み、土壌生態系の美しさに感動して。農業を生業にして、美しい自然環境を守りたいと思いました。

　背中を押してくれる先輩農家もいて、ご縁があり岡山県和気町に移住し、2020年9月から、無農薬・無施肥・自家採種を基本とした自然栽培で、麦や大豆、露地野菜を育てています。麦で麦茶を作ったり、大豆できなこや味噌を作ったり、やりたいことはたくさんあって、関心のある方に届けたい。土から広がるいのちとご縁を大切に、たくさんのいのちと笑顔が輝く農園を目指していきます。

Community

　コミュニティと聞くと、多様な人たちが共通の目的のために集まっている
ような賑やかな光景をイメージします。それもそのはずで、Community
の語源は、ラテン語で「共有」を意味する Communis で、同じ言葉から
Communicate という動詞も生まれています。つまりは、ある情報を共有す
るために伝え合うことができる場所、それがコミュニティなのです。

　たとえば、フェスは出演者も観客もひっくるめて、音楽の素晴らしさを共有
し、伝え合うために集まった「音楽ファンのコミュニティ」といえるでしょうし、
屋上に菜園を開いてはどうかという提案を住民たちで協議しているマンション
には「グリーンなコミュニティ」があるといえます。

　そう思うと、畑や田んぼには「微生物たちのコミュニティ」や「根っこのま
わりに集まった根粒菌のコミュニティ」など、無数のコミュニティが存在します。

　畑は、わたしたちに自然の情報を共有し、伝えてくれる誰にも開かれたコミュ
ニティなのかもしれません。

大島 和行 おおしま かずゆき

大島農園 │ 栃木県 塩谷町

作物と共に環境にやさしい生活を伝えたい。
生きとし生けるものすべての幸せを願って。

　なんにもないけれど自然が豊かで、きれいな水に恵まれている栃木県塩谷町で、妻とふたりの娘を育てながら、米と野菜を作っています。農薬と化学肥料を一切使わず安全で安心であること、環境にやさしいことをずっと大切にしています。

　米は天日干ししています。機械で乾燥するより数十倍以上の手間がかかりますが、燃料を使わずにやりたいんです。農業に使う資材も自然に還るものを使い、畑からごみを出さないようにしています。便利なビニール製のマルチも使いません。無農薬の作物を作るだけじゃなく、その過程や生活の中でいつも意識しています。ストイックと言われることもありますが、むしろ工夫することが楽しい。日々の暮らしでも、化学調味料の入っていないもの、遠くのものより近くで作られた食材を選びます。洗剤は使わずに食器を洗ったり、妻はほつれた衣類も刺繍で繕って素敵に蘇らせてくれます。そんな毎日がとても心地いいんです。

　食や農には関係のない仕事をしている友人たちも、僕たちの農業や暮らしに関心を持って遊びに来てくれるようになりました。僕の役目は、都会にいる若い人たちや、食や環境に興味がない人たちにも、環境にやさしい生活を伝えること。作物にメッセージを託して伝えていきたいです。

油井 敬史 ゆい たかし

ゆい農園 ｜ 神奈川県 相模原市

時間と手間を積み重ねる。
僕には、そのやり方がしっくりくる。

　農って積み重ねることだと思うんです。

　ウチの畑は無施肥で作物を育ててます。ここでひとりでやるようになった2013年の9月からずっとです。畑で僕が土にすることは、生えてくるいろんな種類の草たちを積んでは、それをまた畑の土の上に重ねていく。それだけです。それだけを繰り返して畑の土を作り、作物を育てています。

こんな風な農業をやるようになったのは、東京での暮らしに疲れた僕が相模湖に移住して農家の研修生として、毎日毎日、大らかな自然と向き合い、コツコツと汗を流しながら畑と向き合ううちに、僕自身も変われたからなんです。

　畑の草を積んで、それが分解されて土に還るには時間と手間がとてもかかります。でもこのやり方が僕にはしっくりくる。土が良くなっていっているのは、育っている作物が教えてくれます。どんどん美味しくなってくるんです。おかげさまで、野菜の目利きの方々にもお墨付きいただけて出荷先が広がったり、地域の学校で畑の先生もやらせてもらっています。時間と手間をかけて土と野菜に向き合ってきた。その自分の思いもひっくるめて、ようやく関わってくれる人たちに届けられるようになってきたんじゃないかなと感じています。

石原 潤樹 いしはら じゅんき

芽吹音農園 ｜ 栃木県 鹿沼市

自分たちで育てた野菜が並ぶ食卓とおでん屋。
自然の恵みを家族や友人と食べる安心と幸せ。

　じゃがいもの収穫を迎えると、我が家ではポテトサラダ、ポテトフライ、コロッケ祭り。毎日の食卓の上に自分たちが育てた野菜が並びます。自然の恵みを家族で食べるこの時間は、何にも代えがたい安心感と幸せを与えてくれます。

　農業をやりたいと思ったのは、食べ物を自給したかったから。大学時代にアルバイト先のマスターが、食や政治や音楽などいろいろな話をしてくれて夢中になって聞きました。特に食に関心があって、環境や食料自給率の低下などたくさんの問題を知ると、環境に配慮した農業で食べ物を自給できたらいいなと思うようになりました。有機農業の先駆者である埼玉県小川町の金子美登さん（P234参照）に出会い、幅広い自給力と百姓として社会に向き合い続ける姿に感銘を受けて研修生に。

　その後独立し、農薬・化学肥料・除草剤を一切使わず、さつまいもを中心に自家採種・固定種の露地野菜を栽培しています。週末は、仲間たちとおでん屋を営み、とれたての野菜を食べてもらっています。人口が減っている農村に明かりを灯すように、農業を通して地域のつながりを豊かにしていきたい。安全で美味しい野菜は作るのはもちろん、育てる過程や生活においても、私たちをとりまく自然や仲間、地域とより有機的につながれることを願って日々畑に立っています。

森本 悠己　もりもと ゆうき

ソヤ畦畑（うねはた）｜ 岐阜県 飛騨市

種とりしてると野菜が家族に思える。
この土地の資源を生かし、いのちが巡る農の仕組みを作りたい。

　人間が食べる野菜は若くてみずみずしい時期の野菜ですが、それはほんの数週間のこと。その後、野菜はだんだん硬くなり、次の世代へいのちをつなぐために、熟して種を育み、枯れていきます。青々とした畑もいいですが、僕は枯れた景色のほうがじーんとくる。「よう頑張ったな」って思うんです。

　2017年、故郷の飛彈に戻って始めた農業。農薬や肥料を一切使用せず、野菜や土地の力を生かして自然の営みに沿った農法で、約50品目の野菜を育てています。自家採種している作物がほとんどなので、種とりをしていると野菜が家族のように思えてきます。感謝と敬意を持って子孫を分けてもらうと、また来年野菜が生まれてくる。固定種・在来作物を栽培することを通じて、野生味あふれる美味しさ、美しさ、楽しさ、種の大切さやいのちのはかなさを表現していきたいです。

　飛彈は雪国なので、冬は雪に覆われて農業ができません。保存できる在来種の豆を使ってパウンドケーキを焼いたり、香りのいいクロモジの木で妻が芳香蒸留水を作ったりと、この土地にある資源を生かした農の仕組みを作りたい。この畑と、地続きにある野山からとれるもので、食文化を育んでいくことにも力を入れて日々励んでいます。

野﨑 遥平　のざき ようへい

AKASAKA farm｜宮崎県 宮崎市

自然の中の遊園地みたいに楽しめる畑で、
生産者と消費者がつながる農業を。

　見晴らしがよくて気持ちのいい畑でしょう。山が近くて湧水もあるし、温泉も湧く最高の環境です。野﨑家は代々この土地で農業をしてきました。父は、東日本大震災が起きた時、それまで信じていたものが一瞬にしてなくなってしまった様子を目の当たりにして、「次世代まで受け継いでいける農業をしよう」と畑の3分の1を環境に配慮した自然栽培に切り替えました。

　僕は大学で土壌学を学び、JA関連の組織に就職しましたが、生産者と販売側の意識の違いに驚き「もう生産者と消費者が直接つながる時代だ。自分で農業をやろう」と家業を継ぐことを決めました。その時に初めて父に畑を案内してもらい、父の思いを聞いてぐっとくるものがあったんです。農薬も肥料も使わない自然栽培は難しく、10年かかってようやくいい野菜ができるようになってきました。里芋は土臭くなく、たまねぎは甘い。明らかに味が違います。

　僕は、農家の一人よがりでなく、みんなで作る農業がしたい。そのためにはこの畑をオープンな場所にし、お客さんにも自然の中で遊園地みたいに遊んでもらって、農業と触れ合ってほしいんです。今、そんな企画を始めています。その中で野菜や農業の価値も高めていけたらと思っています。

新田 聡 にった さとし

ウッドランドファーム ｜ 石川県 羽咋市

出会った人たちの思いを背負って、
土地を引き継ぐ。

　僕の仕事場は、43ヘクタールの広大な里山。原木椎茸の栽培をしています。東日本大震災を機に、生きる道を模索して郷里に近い能登で農業を選びました。まだ本当に農業をライフワークにできるか迷っていた時に案内され、目の前に突然山が出現しました。そのスケールの大きさや椎茸のほだ場の風景に魅了されたんです。鍬掘りのれんこんと自然栽培のお米も栽培し、梅林の管理もしています。これらはすべて、この地で出会った人から引き継いできたものです。

　今、その引き継いだものの底力を実感しています。新しく農業を始め、軌道に乗せるには、多くの困難にぶち当たります。特に、規模も経験も機械も信用もない移住就農者が生き抜く時のハンデキャップたるやめまいがするほど。そのハンデを埋める方法は人それぞれあるでしょう。僕の場合、それは「背負う」ことだと思うようになりました。土地を引き継ぐって重たいことです。でも僕は、濃い人間関係や自分の家族など、背負うものがあるから力が湧いてくる。出会い、背負ったものの数だけ可能性も広がっていく。そんな気がしています。そして、そんな思いを背負った仲間と共に新しい農業経営の形を生み出したい。その先に、心豊かで刺激に満ちた里山の暮らしを夢見ています。

繁昌 知洋 はんじょう ともひろ

Hanjo Farm ｜ 東京都 青梅市

東京生まれ東京育ちの自分だから、
都市生活者に「農」と触れ合うきっかけを。

　東京生まれ、東京育ちで農業とは無縁でした。その影響か、自然や農という環境にすごく憧れがあり、大学は海洋生命科学部へ進学。そこで、生命や自然環境の尊さや自然のサイクルを学んだので、いつかは自然や四季を感じられる仕事をしたいと思っていました。農業は、自然と人の文化をつなげていくことなので、今の時代にも合っていると思い、就農しました。

　「東京で農業できるの？」「なぜ東京で農業を？」って思うかもしれません。僕の地元ということもありますが、一番の理由は、土に触ったり生き物を育てる機会が少ない都市部の方に、「農」に興味を持ってほしいからです。青梅の農家仲間とお客さんたちと、CSA（community supported agriculture＝地域支援型農業）というコミュニティを作って、僕らが作った野菜を食べてもらうだけでなく、植え付けや収穫の体験をしてもらったり、農業の面白さを知ってもらえるような仕組みを作っています。野菜を通じて生まれる人とのつながりはやっぱり嬉しいし、楽しいです。流行の発信地である東京から、農業を通して新しい風を吹かせたい。やりたいことがたくさんあって夢が膨らみます。

今村 直美・猪野 有里 いまむら なおみ・いの ゆうり

わが家のやおやさん 風の色 ｜ 千葉県 我孫子市

自分の手間や心をお裾分けするように、
丁寧に人と向き合い、心をつなぐ人でありたい。

　私たちは非農家の出身ですが、家族の「美味しい！」という顔を見たくて、2009年に千葉県我孫子市で農業を始めました。原発事故をきっかけにCSA（community supported agriculture＝地域支援型農業）に取り組み、地元の農家が地域の食卓を支え、地域の食卓が地元の農家を支える関係のもと、畑でとれたものも、天候や病害虫によるリスクもシェアしながら、皆が畑を支える仲間になる農園を目指しました。

　CSAに取り組み、地域に目を向けて気がついたこと。それは、地域の構成員には、障がいを持った方など多様な人がいるということです。そんな方たちともタッグを組んで農と福祉の連携を始め、今また新たな挑戦をしています。

　ひとりは家庭をもち、パートナーが『風の色』の農園を引き継ぎました。今は企業と障がい者と日々野菜作りに励んでいます。ひとりは福島に移住し、生産者と消費者、農業と障がい者を結ぶいい関係性を形にしようと奮闘中。

　場所ややりかたが変わってもいつも私たちが考えていることは、農業が持つ可能性を生かして、まわりの皆がつながり支え合っていくこと。その架け橋になる役割を担っていきたいと思っています。

椛嶌 剛士　かばしま たかお

椛島農園 ｜ 熊本県 南阿蘇村

人と自然が織りなす、雄大な南阿蘇の地で、
「止まり木」のような農園空間を作りたい。

　自然豊かなとっても美しい熊本県南阿蘇村の小さな有機農家です。大学卒業後、都内でサラリーマン生活も経験しましたが、山登りにどっぷりはまる生活を経て、「自然相手の仕事がしたい」と思うようになりました。各地の農場を訪ね、人との出会いや自然の美しさに力をもらい、2007年に熊本県南阿蘇村に移住。

　ここには、人が自然と共生するなかで作ってきた雄大な草原や農地があります。景色が素晴らしく、気持ちいい。僕は有機農業というより、農場が好きです。毎日、いくつもの畑を飛び回りながら旬の野菜を育て、お米も作り、150羽ほどの鶏を平飼いし、米と野菜と卵を詰め合わせたセットを全国のご家庭に届けています。山羊や蜜蜂を飼ったり、小屋をセルフビルドしたり、遊びと仕事が渾然一体となったような暮らしの中で子育てをする喜びと大変さを味わう毎日です。WWOOFのホストもやっていて、今までに100名ぐらいの方がファームステイをしていきました。田舎暮らしや農業を体験してみたい人、移住を考えている人、人生の方向性を考えて何かのきっかけをつかみたい人。渡り鳥がちょっと羽を休めて一息つく「止まり木」のような農園空間を作って、どこかの誰かの人生の中でちょっとでもお役に立つことができたら嬉しいなあと考えています。

村田 寿政 <small>むらた としまさ</small>

ことぶき農園 ｜ 熊本県 南阿蘇村

作り手も食べる人もワクワクするような、
実りの喜びを届ける手仕事。

　就農前は、東京でグラフィックデザイナーとして10年以上働いていました。多忙な日々の中で起きたのが、東日本大震災。あの不安に包まれた日々に、「もっと生きることに直結した仕事がしたい」というスイッチを押されました。

　生きることは、すなわち「衣・食・住」。もともと自分の手で何かを生み出すことが好きでデザインの仕事をしていた僕にとって、自然と共に生きて食べるものを作る農業は魅力的でした。それが職業になればもっといいな、と。

　熊本県南阿蘇村は、風景に惚れ込んで「ここで生きていきたい」と思った土地。移住後、地元の有機農家のもとで修業を積んで独立しました。有機栽培には制約が多く工夫が必要ですが、だからこそ個性が出るし面白みがある。食べる人にも楽しみながら料理してほしいので、野菜セットの箱を開ける時にワクワクしてもらえるように、緑、白、赤、黄色、オレンジ…いろいろな色みの野菜を作っています。「黄色のかぶなんて見たことない！」と言われると、やっぱり嬉しいです。ワクワクする野菜を届けるには、まずは作り手の自分がいちばんワクワクしながら野菜を作るのが大事。楽しみながら実りの喜びを届けていきたいです。

大島 雄 おおしま ゆう

オオシマ農園 ｜ 愛媛県 宇和島市

厳しい環境で育まれた野菜には、
生命力と美しさが宿っている。

　私の農園では、農薬や化学肥料は使わずに野菜が健康に育つための環境を整え、美味しいだけでなく見た目も美しく、力強い野菜作りを心がけています。難しい信念はとりあえず横に置いて、まずはたくさんのお客様に手に取ってもらいたい。野菜の魅力を五感で感じてもらって、それが結果的に、大地にやさしい農業の意義を知ってもらうきっかけになればいいな、と考えています。

　私の農園がある愛媛県宇和島市三間町は、県内では有数の米どころ。稲作に適した粘土質の「ねばい」土壌は、野菜作りには向いていません。盆地で夏は暑く、冬は寒くて雪深い。なかなか厳しい環境です。そんな条件下でも、土づくりを進め、生育環境を整えてやると、むしろ適度に負荷のかかった状態で、野菜はたくましくエネルギーを蓄え、必死に生きてやろうと生命力を見せつけて育ってくれます。

　そんな環境で育った野菜は、絶対に魅力的で美味しいのだと信じています。人間も野菜も、いのちあるもの皆一緒。そんな野菜を育てたくて、この地でこれからも農に携わっていきたいと思っています。

宮﨑 康介 <small>みやざき こうすけ</small>

信州松代みやざき農園 ｜ 長野県 長野市

とことん話をして心を通わせること。
野菜も人も笑顔であり続けること。それが私なりの社会貢献。

　農薬や化学肥料を一切使用せずに旬の彩り豊かな野菜を育てている夫婦ふたりだけの小さな農家です。こだわりは、個人のお客様や飲食店などに直接届けること。初めてのお客様とは、とことん話をしてお互いの信頼を築いてから注文をいただくようにして、心の通う関係性ができることを意識しています。畑の様子を積極的にお伝えするのも、口にする野菜がどのように育てられているのか知ってもらいたいから。丁寧に気持ちを込めて野菜と人に向き合っています。

　もともと飲食企業に勤めていた経緯から食に関心があり、また、農業は人を成長させたり、生き方と向き合う機会を与えてくれると魅力を感じていました。東日本大震災を契機に、より自分らしい生き方を追求して社会に貢献できる仕事がしたい、これからは地球環境に配慮した暮らしかたが求められると思い、妻の実家のある長野市松代町での就農を決断しました。私は調理師、野菜ソムリエ、フードコーディネーターの資格も持っていて、育てる野菜はテーブルを楽しくするようなカラフルで個性的な野菜など年間100種類以上。こんな世の中だからこそ、野菜セットをきっかけに、人間らしい関係を大切にして、野菜も人も笑顔になるような百姓であり続けることが、私なりの社会貢献だと思っています。

七瀧 佳至 <small>ななたき けいし</small>

七瀧農園 ｜ 山梨県 道志村

コミュニティの仲間と相互援農して、
自分ひとりでは成し得ない仕事を生む。

　自分が暮らしているのは、山梨県の道志村という山間地。冬場は気温マイナス10度を軽く超えるほどの寒さになります。作物を栽培できる期間が著しく短いうえに、獣害もかなり深刻な状況。農業を仕事にしていくにはかなりの工夫と知識が必要になり、栽培作物も厳選する必要があります。

　自分たちは、地域の仲間とのコミュニティの中で相互に援農しあっています。その中には農家だけではなく、料理人、大工、映像作家など多種多様な人たちが参加していて、共有される知識や技術が生活を豊かにしてくれます。まだまだ課題は多いですが、協力しあいながらやるのが本当に楽しいし、有意義。自分には合っているのかなと思います。

　昨年はみんなで大豆を作りましたが、それぞれの畑で大豆を栽培するので違いが確認できてかなり勉強になりました。これから加工好きな人が仲間に加わり、気が付いたら味噌ができ上がっていた、なんていう展開を期待しています。人任せな考えかたですが、共通認識を持って仲間と仕事をやると、人がどんどん集まって、自分一人の力ではどうにもできないようなことができるようになるのはよくあることです。みんなで作れる作物を増やしていきたいです。

What is

SHARE THE LOVE ?

Safety

　いつの頃からか、わたしたちは、日々食べるものを誰か別の人に育ててもらうことを当たり前とした暮らしを送るようになりました。その結果、「いつ、どこで、誰が、どんなふうに育てたのか」、そういうことがまったくわからない食べ物に囲まれています。

　実家から届いたり、知り合いからお裾分けでいただく野菜には安心がありますが、それは、育てている人を知っているから「この人が丁寧に育ててくれたのなら大丈夫」という信頼感があるからではないでしょうか。安心とは信頼の証でもあるのです。

「農薬をまいたらどんなに楽なことか。それでもお客さんの顔が浮かぶと、そんなことはできない」。本書に登場する多くの農家たちが口にした言葉です。

　食べるということは、その食べ物自体を育てる土そのものを食べるとも言えます。安心な野菜は、健康な土からしか育ちません。今日も畑に立つ農家たちは、わたしたちの安心と信頼を糧に畑に立っているのです。

田中 真由美　たなか まゆみ

くさおか農園　|　滋賀県 長浜市

「人に喜ばれる米を作らなあかん」。
尊敬する祖父の米作りを受け継いでいく。

　身近な大人でいちばん憧れていた祖父のようなかっこいい大人になれたらと思ったことが、私が農業という職に就いたきっかけです。もともと祖父は、国鉄の職員をしながら兼業で米作りをしていました。定年退職後に、農薬や化学肥料を使わない農法に切り替えたそうです。

　淡々とやるべきことをする勤勉で博識な祖父は、家族みんなが尊敬する存在です。私自身もアレルギーやアトピーを持って生まれ、食事によってその症状が改善した経験があるため、祖父の作り方にならい、体や心に優しい作物を育てて人に提供したいという思いで生産しています。

　「人に喜ばれる米を作らなあかん」が祖父の口癖。そんな祖父の考え方や経験を聞きながら、水の量や、光と風がよく入る植え方にこだわり、苗を丈夫に育てられる環境を作るように心がけています。山からのきれいな水が強みなので、お米以外でも、水を生かした作物の栽培を模索しています。農業は日々変化に富み、やることがたくさんあって、飽きる間もありません。自分の見る世界を広げてくれる、いい仕事を選んだと思っています。

藤原 直樹 ふじはら なおき

ふじはら農園 ｜ 鳥取県 伯耆町

自然を感じながら人間らしく暮らせる、
家族との生活を大切にしたい。

　「農家っていいなあ」と、漠然と思っていました。家は大きいし、ごはんも美味しそうでしょ。会社員時代にもっとやりがいのある仕事を探していた時、有機農業塾のチラシを見て、農家出身でなくても農家になれるんだと知りました。後継者不足で、そこに生きていく道があるのなら飛び込んでみよう、と。特に強い意志があったわけじゃないんですが、選んだからには本気で取り組んでいます。
　出身地の米子に近いこの場所は、大山（だいせん）の景色が素晴らしく、黒ボクという肥沃な土は、野菜作りにとても適した環境です。土づくりをし、多品種の野菜を作り、経営を成り立たせるために試行錯誤中です。妻はいつも明るくて「自然を感じながら、人間らしい生活ができるのが嬉しい」とついてきてくれます。そんな家族との生活を大事にすることも含め、農業だと思う。
　「父ちゃんが農業で未来を変えるぞ！」なんて高尚な意志はなく、美味しい野菜を作って届け、家族が生活できて、晩酌ができたらいいかな、なんて思います。でも、関西や関東の方たちが野菜を買ってくれるようになり、まだまだ僕の野菜は求められる価値があるのかなと思っています。そうした方たちの元に届けていきたいです。

椿 幸久 <small>つばき ゆきひさ</small>

椿ファーム ｜ 千葉県 旭市

生かされた人生を、
農業を通して人や社会のために使いたい。

　東日本大震災が起きた時、僕は仙台にいました。1週間ずれていたら間違いなく津波に飲まれていたと思います。小学校の時には、交通事故で死にかけたこともありました。それで、2度も生かされた以上はやりたいことをしよう、そう思いました。当時は外食チェーンの店長をしていましたが、自分で生産できる職に就きたくて農業の道を選びました。千葉県の農家で学んだ後、さらに無農薬でも野菜を作れることを学び、いろいろと考えた末、有機農業をする決意をしました。

　農業をしながら常に感じるのは、「自然の中では人間は無力」ということ。人間は、震災にも大雨や風にも手を出すことができません。ただ見守ること、耐え抜くことしかできません。ですが、僕はその自然と共存しながら泥まみれになって農業を続けたい。野菜を作ることを通して、生かされた人生を人や社会のために使いたいと思います。大変な道を選んだなぁと思いますが、後悔はありません。人見知りでお客さんとのやりとりは苦手ですが、だからこそ、品質の良さにはこだわりたい。現在は、妻と一緒に、お客さんの日々の食卓に滋味深い野菜を届けることを目標に頑張っています。

八兒 美恵子 やちご みえこ

やちご農場 │ 福岡県 飯塚市

自然の中のたくさんの生き物たちを、
私の田んぼや畑で守ってあげたい。

　大学で環境生態学や土壌学を専攻していました。食べることも好きなので、食に関わる仕事の中でも、食の最前線で人のいのちを支える農業に魅力を感じて、農家になることを決意しました。

　就農する前は東京に住んでいましたが、その間は、生き物といえば数えるほどの種類しか見た記憶がありません。今は、福岡県飯塚市に構えるこの約1000平方メートルほどの小さい田んぼの中だけでも、生き物の密度が高く、毎日、何十匹という数の生き物に出会います。見たことのない虫もたくさんいるので、そのたびに驚き、生き物の多様性に感心します。害虫に畑の野菜をやられた時は泣きたくなりますが、農薬を使うと、生き物に会える楽しみがなくなってしまうので使いません。

　就農してから5年が経ち、私の田んぼの中の水棲生物の種類も増えて、賑やかになってきて嬉しいです。私のいる集落は、山にいちばん近いので水がきれいなんですが、それでも年々蛍の数が減っているようです。蛍のいる水源や、この集落のある里山をきれいなまま後世に残していきたい。たくさんの生き物たちが織りなすバランスを私の田んぼから守っていきたいと思っています。

渡邉 学嗣 わたなべ たかし

わたなべ農園 ｜ 千葉県 山武市

農家には生きる力強さがある。
人、土、種をつなげる百姓になりたい。

　私は、東京のど真ん中の新宿区で育ち、農業にはまったく縁がありませんでした。大学で肉牛農家の農業体験をしたのがすべての始まりです。牛舎も手作り。豊富な知識で愛情深く育て、米や野菜は有機農法で作り、卵もとれる自給自足生活。「生きる力がすごい！」と衝撃を受けました。その後いろんな農家で働きましたが、どの農家にも共通していたのが、生きる力強さ。自分もなんでもできる百姓になって力強く生きていきたいと、農業の世界に飛び込みました。

　私が目指すのは、「人、土、種をつなげていく農業」です。「人」とは、人と人とのつながり。農作業を手伝い合い共に汗を流せる仲間や、野菜を通じて出会えた方々に感謝し、そのつながりを広げていきたい。そして、「土」。自家製の植物性堆肥を入れて有機物を増やし、土づくりをしています。長い時間と努力が注ぎ込まれた土を次世代に引き継ぎたいという強い思いを持っています。最後に、「種」。研修先の千葉県佐倉市の林農園（P235参照）でその重要性を痛感しました。今は便利な種が多い分、使いにくい種は淘汰されてしまう。でも、種は一度なくなれば、再び作り出すのはほぼ不可能。そんな種も次世代につなげていきたいです。

大野 收一郎 <small>おおの しゅういちろう</small>

奈良おおの農園 ｜ 奈良県 奈良市

美味しくて優しいものを作って、
食べる人と作る人をつないでいきたい。

　奈良市西部の富雄三碓（とみおみつがらす）で300年以上続く農家です。高度経済成長時代に、どんどん田んぼが減り、ベッドタウンになりました。その生まれ育った場所を離れ、東京でIT企業の役員をしていた時に起きた東日本大震災。子どもを抱えてスーパーに走っても食べ物が手に入らないという体験をして、「食べること」の意味を強く考えるようになりました。「食べ物を作ってくれている地方の農家さんのおかげで、私たちは生かされているのだ」。そう痛感した時に目に浮かんだのが、実家の田んぼでした。米農家の歴史を自分の代で断ち切っていいのか。悩み抜いた結果、奈良に戻り、自らも作り手になる道を選びました。

　お米は農薬節約栽培で、野菜は農薬不使用で栽培しています。他に、卵不使用で地元特産の古都華いちごを使ったクッキーや、グルテンフリーで白砂糖不使用のきな粉クッキー、自分と農家仲間の野菜を使ったチップスなど、商品開発もしています。手作り、丁寧な暮らしなど、毎日続けるのは大変ですが、皆さんの日常が少しでもゆるんだりのんびりした時間を作れるお手伝いができれば嬉しいです。

吉田 壮伸 よしだ たけのぶ

和宝屋農園 ｜ 和歌山県 和歌山市

ロジカルな思考と、畑で養う技術や感性で、
自然と調和する健全な農業を。

　大学院を出た後は、コンサルタント会社やベンチャーのIT企業で働いていました。その後、帰郷して、もともと父が農業をしている畑で、有機栽培にチャレンジしました。農薬を使うことが健全ではないと思ったし、作物のクオリティを上げなければ生き残れないと思ったからです。

　今後の農業により求められるのは、健全性だと思います。健全とは、正常で、健康で、道徳的であり、調和がとれているということ。自然にできるだけ負荷をかけない健全な栽培で、健全な作物を作り、健全な農業経営をしていきたい。そう考えて、自然の循環を大事にしながら、籾殻（もみがら）や米ぬか、刈草堆肥、土着菌など、身近にある有機物や微生物を有効に活用する有機栽培を実践しています。

　もともと私はロジカルに考えるタイプ。農業は感覚的にやらざるを得ない部分もありますが、私は一本筋が通った理論を理解したうえで、技術や感性を現場で養いたいんです。畑で起こる事象に思考を巡らせれば、常に気づきがあり、いろいろなことが見えてきます。ロジカルな思考を持ち、理論を理解し、自然と向き合い、うまく付き合って健全に作物を育てる。それが私の目指す農業です。

村上 昭平 むらかみ しょうへい

農事組合法人 一心生産組合 ｜ 北海道 上富良野町

資源循環の「輪」を広げて、
誇りに思えるような農業を。

　東京で外食産業やコンサルティング会社で働いてから、北海道に戻りました。伯父と父を中心に家族で営む農場は、養豚と畑作の複合経営。豚の糞を堆肥に活用して有機農業を行う資源循環型農業を行ってきました。両方を手がけていると、植物から動物へ、動物から植物へ有機的につながる自然の循環が実感できます。冬は雪が積もって畑に出られないので、豚舎の糞出しをしたり、動かない豚を押したり、豚と相撲を取っているような毎日です。

　父が始めた養豚は365日休みがなく、農業は儲からない。以前は後を継ぎたいとは思いませんでしたが、父の「養豚は、あと10年だな」という呟きを聞いた時、気持ちが変わりました。ずっと将来についてモヤモヤしていましたが、この時、自分の意志で継ぐと決めました。

　有機農業の学校に通ってから、有機野菜を大規模に供給できる自分たちの農園の強みもわかり、やりかた次第で販路も伸ばせると感じました。外食企業で働いた経験があるから、数字は得意です。堆肥でよい循環を作る、直接消費者とつながるなど、経営面で挑戦したいこともあります。僕は4代目ですが、次の世代も「農家だぞ」とドヤ顔で誇れるような農業をやっていきたいです。

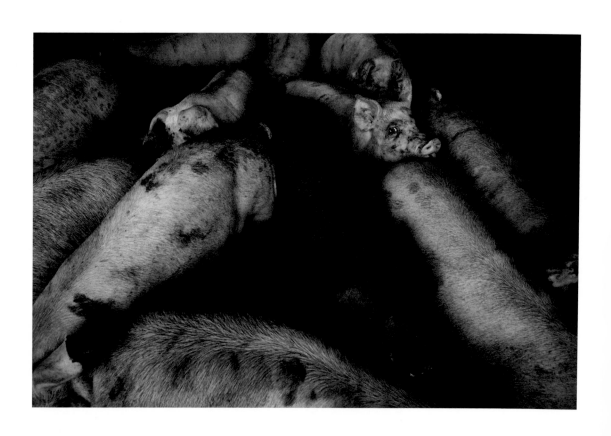

佐藤 辰彦 さとう たつひこ

佐藤果樹園 ｜ 福島県 福島市

福島から復興を見据えた果樹栽培で、
自由に、縛られることのない人生を歩む。

　りんごはふじ、梨は豊水など10品種、桃はまどかなど3品種を育てています。うちのりんごは、皮をむいてしばらく置いても茶色くならないんです。酸化しにくいのは、おそらく土壌にヨーグルト菌を混ぜているから。味もまろやかで、桃や梨も日持ちがします。農薬を減らしたり有機質の土づくりなど、これまで両親がさまざまな挑戦をしてきたおかげだと思っています。

　東日本大震災以降、勤めていた首都圏から、毎週末、福島に戻って果樹園を手伝っていましたが、「故郷福島のために働きたい」という思いが強くなりました。地域では高齢化が進み、農業の担い手不足が深刻なことにも背中を押され、果樹園を継ぐことを決意しました。養蜂も始めました。環境に優しい農業をしてこそ蜜蜂も元気に育ちますからね。4月〜8月は毎週採蜜をします。

　僕は、復興の先を見据えています。「うまい」と言って幸せを感じてもらえるように味で勝負したい。そして、「農業」という職業が魅力的で、多くの人が憧れ、目指すものであってほしい。自分が目指すのは、前提条件として、環境との調和。そして、他の職業と同等かそれ以上に稼げること。それをもって自由に、縛られることのない人生を歩みたいと思います。

大平 成晴 おおひら まさはる

おーべーファーム ｜ 神奈川県 鎌倉市

町の中の畑から、圧倒的に鮮度のいい
ベビーリーフを届ける。

　町中にあるハウスで、ベビーリーフを栽培しています。年に何回転も栽培できるこの野菜は、短期間で挑戦と経験を反復できる。根っからの体育会系で機動力が強みの自分にはピッタリなんです。

　農家の息子に生まれ、家業を継ぎました。両親は鉢花を、祖父母は約40年前、お客様からの要望を受けてCSA（community supported agriculture=地域支援型農業）という会員制の野菜販売を続けています。今も現役なので、自分の畑は自分で開拓する必要がありました。

　そこで、ゴミ捨て場だった場所を片付け、ハウスを建てました。プランター栽培を始めるも土作りが難しく断念。大地を耕そうにもガラが出土し大苦戦。今は堆肥屋さんと連携してリサイクル培土の活用に挑戦しています。

　うちの畑は住宅地のど真ん中に点在しているため、圧倒的に鮮度の良い野菜を消費者に届けることができます。その代わり、堆肥のにおいやトラクターの騒音など、近隣住民への影響も常に意識する必要がある。でも、そんな場所だから面白い。町の中に畑があることが地域の財産となれるように、試行錯誤を続けます。

安井 千恵 やすい ちえ

はまちえ農園 ｜ 京都府 京都市

環境を大切にして「食」と「職」を生み出す。
そんな農業は、社会の問題を解決できる。

　京都市の北部に位置する京北（けいほく）町という原風景が残る里山にアーティストの夫と移住し、2017年から農業を始めました。農の師匠である大渡清民さん（P8 参照）と出会ったのは、自分の農業の柱になるものを探していた時期。大渡さんのベビーリーフサラダミックスの美味しさに驚き、「私もこんな野菜を作れたら」と思いました。無我夢中でベビーリーフの栽培方法を習い、自分で育てて出荷できるようになった頃から、次第に農業が楽しいと感じるようになりました。

　農業に興味を持ったのは、ドイツの国際組織で医療援助を行うインターンシップを経験した時。多くの農村出身の子どもたちを見ていて「社会問題を解決するには、食と職を生む農業が大切」と感じ、農業の世界に飛び込みました。今では農業にどっぷりはまり、ますます農業が楽しいと感じています。

　少しずつ出荷量を増やせるようになってきたので、今後は地域の女性の雇用を目指しています。また、野菜の販売を通じて、健康につながる薬膳の情報をどんどん発信できるように準備を始めています。家族や友人、地域の方々にも応援してもらいながら、細く長く農業を続けていきたいと思っています。

渡辺 博之 <small>わたなべ ひろゆき</small>

北海道 Tree & Berry Village ｜ 北海道 豊浦町

北海道の原野を開拓し、限りなく自然に近い環境で、困難といわれる無農薬いちごを栽培する。

　映像制作の現場で働いていた40歳の時、念願だった世界一周の旅に出ました。その時に、ペルーで出会った芋農家さんの暮らしに衝撃を受け、農家になることを決意しました。北海道へ帰郷後、いちごを新たな特産物にしようとする取り組みに共鳴。最も困難といわれるいちごの無農薬・無化学肥料栽培を始めました。難しい栽培ですが、いちごを食べたことがない発展途上国の子どもたちに、いつか有機栽培のいちごを食べさせてあげたい。この夢を実現させることが、農業を始めるきっかけをくれた世界の方々への恩返しだと信じています。

　昨年からまた新しい土地を開墾して、お客さんが摘み取りできるいちご狩り農園を作っています。通常、いちごはビニールハウスで栽培します。生産や出荷を考えるとそのほうが合理的ですから。でも、せっかくこの原野で作るのなら、地形や空気と水の流れを生かし、自然の草木や花のある景観を損なわずに、限りなく自然に近い木漏れ日が差す畑で摘みたてのいちごを頑張ってもらいたい。そう考えて、露地栽培に挑戦しています。初年度は病害虫の影響もなく、力強い生命力でたくさんの実をつけてくれました。大勢の方に足を運んでもらいたいです。

What is

SHARE THE LOVE ?

Business

　CSA（community supported agriculture）という言葉を知っていますか。
地域の住民が、地域の農家に代金を前払いして、定期的に作物を受け取るとい
う、地域全体で農家を支えていく仕組みです。代金を前払いしてもらうことで、
農家は天候や病虫害で作物の収穫量が減っても安定した収入を得ることができ、
安心して栽培に集中することができるようになります。
　農を業（なりわい）とすると、食べてくれる人がいなければ当然経営は成り
立ちません。ということは、消費者という「食べる人」が、農家という「育て
る人」を支え、ひいては日本の農業全体も支えていることになるのです。
生産者と消費者が分断される時代は終わりにしましょう。
　わたしたちがひとつになって「大地にやさしい農業」を推進すれば、健康な
地球という最大の富を未来へ贈ることができるのです。今、あなたが手にして
いる商品は、誰のためのものですか。

北川 美帆 きたかわ みほ

自然農園よりこんぼ ｜ 高知県 中土佐町

国際線のCAから農家になって、
豊かな自然の中に生きている実感。

　15年間、国際線のキャビンアテンダントとして世界中を飛び回っていました。飛行機から見た窓の外は、どこまでも広がる大地や自然の景色。だんだんと「自然の中で感じる豊かさの中で生きたい」と思うようになりました。高知には祖母がいて、子どもの頃、夏休みに遊びに行っていたんですが、その時の自然の中に身を置くぞくぞく感、わくわく感も忘れられなくて。自然の中でのものづくり、農業の道を目指すことを決めました。高知県で2年間の研修を経て、夫と共に就農。自然により近い環境に身を置くことで、「一匹の人間としてしっかり生きている実感」を感じています。

　私たちの使命は、食の大切さや尊さを作物を通して表現しつづけていくこと。農園名の「よりこんぼ」とは、「みんなが寄り集まって仲良く楽しくしている」という高知の方言から。家族や、つながるたくさんの人、自然ともよりこんぼしていく農園でありたい。そんな思いを込めています。自らのしあわせを基盤にして、みんなの食卓に美味しいしあわせがあふれるように、まわりの子どもたちや大人たちのしあわせ、社会のしあわせに向き合い、これからも日々精進していきたいと思っています。

植田 絵美 うえだ えみ

べじたぶるぱーく ｜ 大阪府 能勢町

自然の中の発見や楽しさを届けたいから、
体思いの加工品を手作りしています。

　夫とスタッフのみんなで農園を運営しています。私の担当は、ハーブ畑と野菜の加工。夫は、野菜や栗を作って個人宅配と、分業態勢です。

　私は、10代の頃、頑張りすぎてずっと心がふさいでいました。でも、親と山登りをしたり、大学の教授と有機の畑に行った時だけは、気持ちがスーッと楽になったんです。自分には農的な暮らしが向いているかもしれないと思い、国内や海外の有機農家でファームステイをしました。

　夫とは研修先の農家で出会って結婚したんですが、予定外だったのは、夫婦で一緒に農業をするのはイヤと言われたこと。ショックでしたよ。でも、日々たくさんできる野菜を加工するうちに、それが私の仕事になりました。都会の人にも里山の自然を感じてもらえるような、体思いの加工品を手作りして届けたいと思っています。

　私たちのテーマは、自然の中の発見や楽しさを届けること。大自然の中で体を動かし、とれたての野菜を使った美味しいごはんや手作りの加工品をいただいて、いろんな人と交流して私は元気になれたので、今度は私たちがそのような人たちの受け皿になりたい。訪れる人が元気になれる場を作るのが夢です。

杉浦 秀幸　すぎうら ひでゆき

restauro terra ｜ 山梨県 北杜市

心地よい風や、雨上がりの朝の静寂に洗い流される感覚。
そんな自然と共にある暮らしの豊かさを伝えたい。

　僕は22年間、料理人をやってきました。山形・庄内地方のレストランでは、まわり一面畑に囲まれ、四季折々の風が吹き、農家さんが収穫したばかりの野菜をどん！と届けてくれて。そこでいただく食材は心地よく格別で、僕にとって夢のような場所でした。家族もできて「豊かさって何？」と考えるなかで、「自然を肌で感じて寄り添って暮らしたい」と、農業の世界へ進むことを決めました。

　農業で生活を支えることは容易ではないですが、自然と共に暮らす生活の喜びや豊かさは、すごくあると思います。気持ちいい青空、雨上がりの朝に静寂の中で土や草木の香りがして、自分も洗い流されるような感覚、農作業中にふと吹く風に癒されて元気をもらう心地よさ。とれたての野菜やハーブの香りを感じる瞬間。そんな豊かさを伝えていきたくて、種まきをして収穫して食べるところまで、自然を感じてもらいながら体験できるガーデンキッチンも始めます。キャベツでザワークラウトを仕込んだり、ダッチオーブンで収穫したての野菜を調理したり、料理人の経験も生かしながら。農場名の由来「terra（テラ）」は、ラテン語で「大地・地球」という意味。人と人とがつながり、大地の恵みを敬い、思いの種をまき、共存できる世界を次世代につなげていきたいと考えています。

高橋 佳奈 たかはし かな

みのり農園 │ 滋賀県 高島市

在来種や個性的な野菜200種類を栽培。
農家レストランで農業に触れてもらいたい。

　私たち夫婦は変わった野菜が好きなので、近江の在来種や個性的な西洋野菜を含め、200種類程度の野菜を栽培しています。同じ品目の野菜でも品種によって味や食感が違うのが楽しいし、農作業も楽しいから。いろんな野菜を少しずつ届けたいのでお客さんは飲食店が中心です。フラットな関係でいたいので、必ず一度は畑に来てもらってお互いの理解を深めています。私たちもお店に足を運び、好きそうな野菜や、野菜の使い方を勉強しているんですよ。

　2017年には、念願の農家レストラン『sato kitchen』もオープンしました。元料理人の夫が料理を作ります。飲食店に野菜を販売していると、野菜が育つところからお客様の口に入るところまで距離を感じていて、もっと野菜を身近に感じてもらいたかったんです。家族で来て、野菜たっぷりのごはんを食べてゆっくり過ごしてもらうのが理想。今まで農園を訪れる人は飲食のプロが多かったけど、店は一般の方たちの農への入口です。将来は、畑で野菜を収穫してもらってそれを料理するのもいいですね。食と農業を組み合わせた体験ができる場所になるといい。この店をベースに農業の広がりを作っていきたいと思います。

影沢 裕之 かげさわ ひろゆき

かげさわ屋 ｜ 熊本県 南阿蘇村

夫婦ふたりでゆっくり丁寧に。
大豆の栽培から仕込みまでやる味噌作り。

　夫婦ふたりで、味噌の原料となる大豆の栽培から、味噌の仕込みまでしています。うちの味噌は、主にフクユタカという大豆で仕込んでいます。すべての大豆は、農薬や化学肥料を使わないで栽培しています。フクユタカは、香りも華やかだし、薪ストーブで煮ると甘みが出ます。一時期、圧力釜も使ってみたんですが、豆の味が違い、結果、薪ストーブでゆっくり煮ています。味噌を仕込んだ後、1年間寝かせてから出荷するので、大豆の種まきから数えると、2年もの長い時間をかけて作っていることになります。それなので、味噌の名前は「ゆっくり味噌」としました。

　2016年4月の熊本地震で、自宅が大規模半壊し、味噌の保管庫の梁（はり）や壁も崩れてしまったなかで、味噌樽はすべて無事だったんです。それを見た時、これからも味噌を作っていこうと思いました。

　私たちにとって、ゆっくりはキーワード。美味しいものを作るためにも、ゆっくりって必要だと思うし、大切なことだと思います。10周年を迎えて、種類の違う大豆を使った味噌や、お米や麹の量が多くて甘めの白味噌、たまり醤油なんかもできてきました。これからも、ゆっくり丁寧にやっていきます。

長崎 海咲　ながさき みさき

みさき農園 ｜ 宮崎県 宮崎市

じいちゃん、ばあちゃんの畑を
100年先まで続くように守りたい。

　わが家は代々続く農家。私は、長年家族が続けてきた農業を見ながら、時間や手間がかかっても農薬や化学肥料を使わない、土の微生物を生かした有機農業がしたいと思ったんです。多様な微生物がいる土では、元気な野菜が育ち、元気な野菜は元気な人を育てます。だから、もっといい土を作りたい。じいちゃん、ばあちゃんも、「次の世代の海咲が自由にやりなさい。今度は私らがついていく」と言って応援してくれています。

　私、家族が大好きなんです。農作業も、じいちゃん、ばあちゃんに助けてもらうことばかりです。家族が代々つないできた畑を、子どもや孫の代まで100年続くように守りたい。いい土を作り続けて、その土から元気な作物を育て、家族の笑顔やこの農業を受け継いでいきたい。そう思っています。

　育てた野菜を料理が得意な母が調理して、お客さんに食べていただく農家カフェも開いています。カフェのお客さんに農業の魅力も知ってもらいたくて、お店の前にも畑を開きました。安心安全は当たり前。「美味しい！」と言われる野菜を作って、食べる人との距離を近づける農業を目指しています。

橋本 純子　はしもと じゅんこ

アンファーム ｜ 香川県 三豊市

収穫まで樹上で育てる濃厚な味わい。
香川県をアボカドの一大産地にしていきたい。

　国産アボカドって、食べたことありますか？　収穫期まで樹上で育てたアボカドはとても濃厚な味です。品種もたくさんあって、色や形、風味もそれぞれ違います。この農場ではマンゴーを中心として約10種類の果物を栽培していますが、私が特に力を入れているのがアボカド。他の果樹に比べて病気や害虫の管理の手間がかからないのが魅力で、有機栽培に非常に適していると思います。

　私は、大阪で営業職をしていた時に農業資材の担当になり、現場を知るために農業の学校へ。そこで出会った農家の皆さんが幅広い知識を持つことにとても驚きました。土や植物に触れていると気持ちが和らぐ自分にも気づき、農業の世界に飛び込みました。香川に移住して、「人のやらないことをやる」がモットーの今の会社の社長と出会いました。農業は実際にやると、想像以上にマルチでめっちゃ面白い。中でも果樹の栽培は、定植してから何年もかけて世話をするので、子育てと重なります。小さくてかわいい花が咲き、着果して大きく育っていく過程は、本当に自然の強さやすごさを感じて、思わず人の生き方を重ねてみたりもします。今後は、農業やアボカドに興味があるいろんな人たちを巻き込んでアボカドを増やしていきたい。香川県をアボカドの産地にすることが目標です。

三崎 咲 _{みさき さき}

島ノ環ファーム ｜ 兵庫県 洲本市

農家になりたいと思い続けて10年。
養鶏と野菜の複合農業で、循環の輪を作る。

　淡路島の中山間で、平飼い養鶏とたまねぎをメインに無農薬野菜を生産しています。有畜複合農業は、「畜産×野菜」というように、多種複合的に行う農業のこと。鶏の飼料は、お米や島の副産物などを自家配合して作り、鶏舎から出た鶏糞は竹チップや落ち葉と一緒に発酵させて完熟堆肥化させた後に畑に還元し、地域の中で循環していく仕組みを作っています。

　私は生まれも育ちも東京で、先祖代々江戸っ子です。小さい頃から人工物に囲まれた空間に違和感があり、農業に憧れを持つようになりました。東京農大を卒業後、有畜複合農業を学ぶためにスイスの農家民宿で働きました。四国くらいの狭い国土で、「酪農×果樹」のように複合的な農業を家族で経営するのが主体の国です。環境や人体の健康に配慮した農業や、動物福祉の観点から平飼い養鶏を行い、そうした農業に対する市民の理解もあり、精神的物理的な距離も近い。自分がやりたい農業の形も見えてきました。

　初めて農家さんと出会ったのは15歳の時。オクラの花が美味しくて感動して、そこから農業をやりたいと10年間思い続けてやっと農家になれました。動物が大好きな主人と共に、理想の有畜複合農家になるため日々奮闘しています。

What is

SHARE THE LOVE ?

Freedom

　畑や田んぼは、農家にとってのキャンバスです。

　どんな作物を、どんなふうに育てるのか。農家たちは、自らのアイデアと知識と技術のありったけを込めて畑や田んぼと向き合います。耕作放棄地の荒れた大地を前にしても、それを見る農家の頭の中には、色とりどりの作物たちがその生命力を横溢させた美しく調和のとれた大地の光景が浮かんでいるのかもしれません。

　画家がキャンバスに筆を走らせ世界を切り取るように、音楽家が楽器を奏でながらメロディーを生み出すように、農家は土というキャンバスで自らを表現しているのです。

　しかしながら、他の芸術家と異なり、農家は自然という自らの意志ではどうすることもできない相手と対峙しています。長い時間をかけて丁寧に育てた作物が収穫直前で台風や病虫害で一気にダメになってしまうこともあります。それでも農家は立ち上がります。

　自らを由として、農家であることを選んだ時から、彼らは本当の自由を手にしているのです。

湯浅 純 ゆあさ じゅん

南アルプスのオリーブ畑 ながら ｜ 山梨県 南アルプス市

好きなことをして生きていきたい。
そして僕は、山のオリーブ農家になった。

　山梨でオリーブ栽培というと驚く人もいますが、オリーブは生命力が強くて、非常にタフなんです。マイナス８度まで大丈夫。もともとオリーブが好きで、自宅のベランダで育てていました。銀色に光る葉の美しさ、木全体のカラッとした爽やかさ。それにオイルが美味しいこと。好きな理由はいろいろあります。

　同じくオリーブが好きな妻に出会い、小豆島に収穫体験に行った時、観賞用ではなく、自分で栽培して生活ができるのなら、「いつかは自分で育てたい」と思いました。定年退職後の引退計画のような感じでしたが、たまたま仕事が一区切りついた時に、どうしてもオリーブが目の前をちらついて、好きなことをして生きていきたいと決意しました。自分の能力や商品の可能性、稼ぐ手段などを考え合わせて「オリーブならできる」と思えたんです。

　目指すのは、飲んで美味しい最高のオリーブオイル。木を植えてからオイルを絞るまで５年かかりますが、木もだいぶ大きくなり、３年目の昨年、少量ですがはじめてオイルを絞ることができ、ようやくオリーブ農家としてスタートラインに立てた気がします。この夏、自分の搾油所を開設しました。屋号のとおり、楽しみながら山のオリーブを育てていきます。

上林 由香 <small>かんばやし ゆか</small>

ゆいゆいハウス ｜ 愛媛県 今治市

勇気を振り絞って果樹栽培の道へ。
やりたいと思えば、誰にでも道は開ける。

　私は40歳過ぎまで関西で20年間保育士をしていたんですが、生き方を模索するなかで、本当にやりたいことをやろうと思い立ちました。若い頃に、漫画家になりたくても本気で目指す勇気がなかったことをずっと悔やんでいたので、次に何かをやる時は後悔したくなかったんです。

　「好きだから」という理由で最初に選んだのは、マンゴー栽培でした。夫を説得して、単身、沖縄の農業大学校で1年間勉強した後、「よし続けよう」と思って、ハウスを借りて4年間、マンゴーを栽培しました。一度は、家族のいる関西に拠点を移して野菜の栽培を始めましたが、果樹の栽培がやりたくて農地を探していた時に、ご縁がつながり、今年から愛媛県の大三島に移住して、柑橘類や野菜の栽培をスタートしました。地元の有機栽培農家の方から教えていただきながら、みかん、レモン、ライムなどを育てています。

　夫や大三島のシェフとコラボやイベントをしたり、助け合う地元の仲間もできたので交流できる場も作りたい。若くなくても主婦でも、本当にやりたいと思ったら道は開けるんです。やりたいことがどこまでできるか、日々チャレンジです。

千葉 治 <small>ちば おさむ</small>

埼玉県 新座市

量より質にこだわって、
世界中のユニークでマニアックな野菜を育てる。

　幼少期から野菜を食べたり料理する機会が多かった影響か、バックパッカーをしていた時に海外生活で出会った人や食べ物の影響か、気がつけば40歳を過ぎてから始めた本格的な野菜作り。美味しい野菜を作り、食べる人の健康のお役に立てればと思う今日この頃です。

　育てているのは、インドの瓜類、イタリアのなすやトマト、タイのなす、たけのこいも、ウコンなどの外国野菜。このような珍しい外国野菜をメインに栽培するのは、海外生活で出会ったインド人の友人の存在がきっかけのひとつでもあります。彼が故郷・南インドの料理店を日本で開いてから、故郷の味やオリジナリティーを出すため、「南インドの野菜が欲しい」と言うようになり、「じゃあ、自分が作ってみよう」と。

　日本でなかなか手に入らない海外の野菜は、値段、種苗の入手、気象条件などの条件に折り合いが付けば、注文を受けて試験的に栽培するのもありかと思います。需要があるのに供給が少ないような、マニアックでユニークで美味しそうな野菜を、量より質にこだわって、手間ひまかけて育てようと思っています。

Local Culture

　江戸時代に、すでに今でいうところの「シェアシード（種の交換会）」があったことはよく知られています。

　参勤交代の際に、幕府の命によって全国の種が運び込まれていたからです。そして、たとえば、京都の野菜の種が、信州や九州に持ち帰られたとすると、その種は、気候や土壌条件が異なる環境の中で長い時間をかけて、少しずつその土地に根付くようになり、やがてそれぞれの地域の固定種となっていったといいます。

　新しい食べ物が生まれれば、それを食べる新しい食文化も生まれます。熱帯的気候と寒気帯気候が共存し、明確な四季が彩る日本の風土はこうして積み重ねられてきました。

　今のわたしたちにとって、限界集落という言葉に象徴される農村の過疎化は、大きな課題になっていますが、まるで江戸時代の種のように、新しく根付こうとする担い手たちが育ち始めている地域もあります。土地の先人から受け継いで彼らが耕した土、育てた食べ物、それを食べる私たちの暮らし。

　風土から生まれるFOOD。FOODから生まれる風土。

松本 真実　まつもと まみ

菜園「野菜と旅する」 ｜ 滋賀県 東近江市

日本の風土に育まれた在来種野菜を知って以来、
個性的な種を受け継いでいます。

　人と野菜は、起源地といわれる場所から2万年もの旅をして、ここ日本にも多様な野菜を生みました。私たちがまいた一粒の種から、野菜と共に文化が育まれていくことを願い、日本に古くから伝わる在来種の野菜を栽培しています。

　在来種を知ったのは、「嫁入りなす」の歴史を聞いた時。かつて福井から京都をつなぐ街道に、家宝伝来のなすの種を嫁入り道具に持たせる村があったそうです。それまで野菜のルーツなんて考えたこともなかったのですが、人と野菜は気候風土や文化の中で育まれ、一緒に旅をしてきたんだと知り、衝撃を受けました。その後、種の研究調査にも参加して、多くの個性的な野菜に出会って種を譲り受けました。中には、現在はなじみのないものやえぐみの強いものもありますが、すっきりした甘さが日本の夏によく合う「まくわうり」のように、すたれてしまうのは惜しい野菜もたくさんあります。

　調査活動で出会った農家さんは、なんでも手作りしてしまうような、まさに「百姓」というすごい方ばかり。そんな生きざまに憧れて私も農家になりました。旬の時期に健康に育った野菜がいちばん美味しいと思うので、農薬・化学肥料に頼らずにゆっくりのびのびと育て、創意工夫を重ねながら、美味しいものを届けていきたいです。

阿部 正臣 <small>あべ まさおみ</small>

テンネンアマル ｜ 徳島県 上勝町

自然と共に、人と共に。
日本の里山を生かす農業の礎を作りたい。

　僕の畑があるのは徳島県のど真ん中に位置する上勝（かみかつ）町という中山間地域。どこにでもある日本の里山です。そんな里山は今、人口が減って消えかけています。だから、この地で僕が野菜を作ることは、日本の里山を生かすこと。僕の野菜を「美味しい」と言って食べてもらうことが、里山を支えることにつながると考えています。

　農業に携わることになったのは、徳島の伝統工芸である藍染めとの出会いから。自然の生み出す色に心惹かれ、藍染めの原料になる藍の栽培を始めたことがきっかけです。そのかたわら野菜の栽培も始め、次第に農業にのめりこんでいきました。

　年間で手がける品種は100種類以上。多品種栽培は手間がかかりますが、それぞれの野菜の生育と、それを取り巻く環境とのバランスを考えながら、畑の中に小さな自然を作り出す。そうして育つ野菜は、僕が惚れた藍と同じように美しく、多彩な表情で語りかけてきます。その声に応え、元気で美味しい野菜に生長させる。里山ならではの農法です。里山で農業を営み、人とつながる。そして、次世代につなげることが僕の選んだ生き方です。

天野 圭介　あまの けいすけ

ONE TREE　｜　静岡県 浜松市

農業、林業、空気と水の循環改善、複合発酵。
数々の学びを一つに束ね、大きな視点で地球と人間を想う。

　幼少期から浜松市の山奥の自然豊かな環境で育ったため、自然は「何があっても丸ごと受け止めて浄化している」という絶対的な信頼を持っています。「本当の豊かさ」を模索するなかで出会ったのが、豪州発祥の「パーマカルチャー」。これは「永続する農」を意味する、持続可能な暮らしの総合的デザイン手法です。本場で環境に調和した暮らしを学び、帰国後、理想とする暮らしを実現することを目指して故郷で新しい挑戦を始めました。

　現在は、百姓として米や野菜を自給しながら、樹木の手入れをするアーボリスト（樹護士）としての活動、仲間と持続可能な林業の実践など行っています。現在開設中の農園では、学んできたことがすべて一つにつながっています。農業、林業、土中の空気と水の流れを改善する大地の再生、複合発酵による排泄物の循環利用。それらを日々の暮らしの中で実践し、この場所なりの循環が育ってきて、仕事も暮らしもとても楽しいものになっています。生い立ちや環境を問わず、人間は誰でも豊かな感性を持っています。この場所を訪れてくれた人が日々忘れがちな気づきを得て、「地球はまるごと一つの大きな生命体」という視点を持って、それぞれのフィールドで生かしてくれたら嬉しいですね。

牧野 萌 <small>まきの もえ</small>

牧野農園 ｜ 北海道 蘭越町

北の大地の農的暮らしを受け継ぎながら、
私の農業と夫の料理で生きていく。

　岩手で過ごした大学時代、白神山地で自然生態系の存在を目の当たりにし、地球の営みを強烈に感じました。それが私が自然と共に生きるライフワークにつながったと思います。東日本大震災後、野菜を作る勉強をしようと料理人の夫と娘と仙台から心地いい風土の蘭越町へ移住し、農家になりました。就農して7年。農村文化を学びつつ、大玉や調理用などのトマトや、初夏に実をつけるいちごなどを栽培しています。当初は稼ぐための畑と暮らしの畑を切り離して考えていましたが、最近はすべての畑を農村生態系の中で営むことに決めました。有機農業の師匠・下島さんが再生させた賑やかな森で養蜂をしたり、アイヌの歳時記を参考に、残雪期にはイタヤカエデの樹液を採ったり。北海道に残る暮らしを受け継ぐ中で、すべての農作物を暮らしの中で作りたくなってしまったのです。

　たとえば、トマトの残渣（ざんさ）や身近な自然資源から液肥を作り、トマトがたくさん実ったときは瓶詰めを作る。それを使って夫がピザを焼き提供する。そんな背景から、お裾分けのように出荷販売をする構えをとっています。身近な資源で賄える規模の畑を営み、暮らしの余剰を世に出す。切替えたばかりの農業スタイルですが、農家という職業にもっともっとはまっていきそうです。

What is
SHARE THE LOVE ?

Philosophy

Sustainable、Community、Safety、Business、Freedom、Local Culture。本書の中で抽出されたこれら6つのキーワードは、これからの農業を語るうえでどれも欠かすことのできない重要な視点です。そして、同時に、この6つのキーワードは、本書に登場する農家たちにとっても、農家として生きていくうえでとても大切にしている哲学でもあるのです。それは、これらのキーワードをひとつにまとめてみるとよくわかります。

農家として、自由な発想と行動で、自分が暮らす地域の特性を生かしながら、持続可能性の高い「大地にやさしい農業」を営み、人々の暮らしを潤していくこと。

彼らは一体どんな人たちなのでしょう。そして、どんな思いから農家になったのでしょうか。

彼ら自身の言葉でたっぷりと語ってもらいました。

Interview & Text by Takashi Ogura

石原 潤樹 芽吹音農園 | 栃木県 鹿沼市（ > P.84 ）

レゲエと、畑と、おでん屋と。
土くさくて、手触りのある生き方がしたい。

「音楽を聴きながら仕事できるなと思って」

　大学在学中、誰もが知る有名企業への就職を蹴って農家になったというから、なぜ農家になったのかと聞くと、帰ってきた答えがこれだった。

　最初は、冗談かと思ったのだが、石原さんの自宅である、かつても農家さんが暮らしていたという古民家のリビングには、ターンテーブルやレコードがどっさりと並んでいた。石原さんは大のレゲエフリーク。それもボブ・マーレイなんかの

ルーツ系が大好きだという。よく見ると、レアな7インチのシングルもたくさんある。

「レゲエって土くさいじゃないですか。自分の感覚に合うんです。あのリズムを聴いてると細胞が喜ぶんです」

　石原さんは、1992年、栃木県の日光市で生まれた。小学生の頃は野球に夢中で、ゴジラ松井や巨人の仁志が大好きだった。たまたま小6の時に、友達にケツメイシの音楽を聴かせてもらって、一発で好きになった。そこからレゲエにどんどんはまっていき、大学生になる。学部は社会福祉学部。まだ、この時点では、農とはまったく縁がない。それが、レゲエを大音量で聴きたくて通い詰めたミュージックバーが、農との縁をつないでくれたというから、人生とは面白い。ライク・ア・ローリングストーン。転がる石は苔むさない。

「そのバーのマスターやお客さんたちが、環境とか食とかに対して意識を持っている人たちで。話を聞いているといつも刺激をもらっていたんです。飲食店だったから、特に食については話題になって。その中で、食料自給率について話していた時なんですけど、『こんなに低い自給率って、食べ物を作れてないってことだよね。それって、生き物として圧倒的に弱いんじゃないか』って話が、すごく刺さったんですよね」

　メディアの一般的な情報からは見えてこない社会の実像に触れていくにつれて、自分で食べ物が作れたらいいなと思うようになった。東日本大震災で起きた原発の事故も大きな衝撃だった。こん

なにも危険なものをどうして作っていたのか。

レゲエは「rebel music」とも呼ばれる。直訳すれば「反抗の音楽」ということになる。レゲエをあまり知らない人からすると、ゆったりしたリズムとドレッドヘアくらいしかわからないと思うが、歌詞には政治への怒りだったり、虐げられた人への救いの言葉がうなりを上げているのが真のレゲエミュージックだ。そんな反骨なメッセージを夜な夜な浴びながら、リベラルな大人たちが教えてくれた社会の実像が、ある時、ポンと結びついたように、石原さんの前に立っていた。

その人はとても小柄で寡黙な人だった。ただ、最初に一目見た瞬間に、ボブ・マーレイのバッファローソルジャーの歌詞に出てくるような人だと思った。その人の名前は、金子美登（P234 参照）。有機農業なんて言葉がなかった頃から、有機農業を実践し、日本の有機農業を牽引してきた先駆者である。

「金子さんが運営されている、埼玉県・小川町の『霜里農場』で見学会があることをマスターが教えてくれて行ったんです。そこで、金子さんを見たとき、すごいオーラを発していて、とてつもない戦士感があったんです」

霜里農場では、野菜の有機栽培をはじめ、牛などの家畜の糞や生ごみからバイオガスを作ってエネルギーの循環までもされている。欧米で定着したCSAよりもずっと早く、消費者が農家の作物を買い支えする「提携農業」も数十年にわたって実践されている。国内よりもフランスなど食や農に意識の高い国のメディアがしょっちゅう取材に来ていることが、霜里農場の取り組みがいかに世界的にも先駆的なのかということを証明している。

「見学に行って、畑よりも金子さんの話にくらっちゃいました。『農家はフリーマンだ』『有機農業は、社会とか未来を作っていく仕事でもあるんだ』とか、そういう一つ一つのフレーズを聴いて『この人のもとで暮らしたら面白くなりそうだぞ』と思って、翌日には研修生として働かせてもらえるようお願いしてました」

大学は卒業していた。会社員は向いてないと思ったから、冒頭に書いた有名企業への就職は蹴っていた。通い詰めたミュージックバーでアルバイトしながら、どういう生き方をしようかと模索している時に出会ったのが、金子さんだったのだ。それまで、有機農業といえば、農薬を使わない農業というくらいしか知らなかった。でも、金子さんの言葉を聞いて「ここで、研修生として1年間過ごしたら、自分はどうなるんだろう」という気持ちが抑えられなかった。そして、冒頭に書いたように「音楽聴きながらやれるな」とも思った。

霜里農場では、スタッフ全員で食卓を囲む。

「そこに並んでいるのは、全部畑でとれたものばかりが並ぶわけですよね。それにもすごく感動しました。醤油も味噌も全部自給してましたね。それを見て、やっぱり農家が生きていくうえで最強だな、って思いましたね。

それと、朝に収穫した野菜を箱に詰めて、自分で運転してお客さんのところへ届けにも行ってたんですけど、それもすごく楽しかったんです。人と人が有機的に結びついてるというか。これこそ、有機農業だなって。美登さんには本当にすごく影響を受けました」

1年の研修を終える前から、研修を終えたら、地元に戻って農家をやろうと思うようになった。とはいっても、作物を育てて販売して生計を立てるという意味での農家になりたいわけではなかった。金子さんの農場が実践していた、人と人が有機的につながるような農業を、地元でやりたいと

考えた。

　地元の日光市に戻り、地元の農園で働きながら拠点を探した。そんな時に、またも大きな出会いが訪れた。ひとつは、のちに奥さんとなる女性との出会い。もうひとつが、今も仲間として活動を共にしている、栃木県・鹿沼市で『一本杉農園』という農園と、そこで育てた小麦で作ったパンを販売している福田大樹さんとの出会いだった。
「考えてみれば、奥さんも大樹くんも直感でつながるって感じでした。大樹くんは、鹿沼市の西沢町出身で、初めて会った時も、すでに何年も前から地元のカルチャーを盛り上げようと頑張っていて。すごく生き生きとしてたんです」

　意気投合した福田さんからの「西沢町で基盤を作りながら、就農先を見つけたらいいんじゃないか」とのアドバイスを受け入れ、西沢町で就農することを決めた。すると、隣町である上久我という山村に、畑と別荘までついた古民家があるという話が舞い込む。聞いてみると、「敷地内にある畑も活用してくれる人に譲りたい」という売主の条件に合う人がなかなかいなかったらしい。畑も見つかった。こうして振り返ってみると、レゲエの神様が石原さんを農家への道に導いてくれたように思えてくる。

「勉強のために慣行農をしている農園でも働いたんですけど、初めて農薬や化学肥料を使っている農家の現実を知ってショックでした。レゲエでいう、バビロンシステムそのものじゃんって」

　日本の有機農業の占める割合は、わずか0.5%でしかない。
「学生の頃の自分だったら、こんな世界を作ってきたのは大人たちだって被害者意識だけしか持てなかったし、『日本、終わってんな』としか思えなかった。それが、美登さんのようにしっかり実践されている大人に出会えたことと、大樹くんと、大樹くんのまわりに集まってくる人たちと出会えて仲間ができたことで、今度は、自分が実践する番だって思えるようになったんです」

　就農してすぐに、福田さんと屋台のおでん屋をやろうと盛り上がった。たとえば、大根を売ると1本あたり150円程度しか農家には入らないが、おでん屋で使えれば、収入も増えるし、そこにいろんなお客さんたちが集まってくるので、地域の人たちの交流の場にもなる。行動の早い福田さんが、早々に店舗を見つけてきて、屋台ではなくおでん屋を開業することになった。お店の名前は『湯気』。石原さんは、自分が育てた野菜を持ち込んで、夜はお店にも立つようになった。店内のBGMは

もちろんレゲエミュージックだ。

「農家になって改めて考えたんですけど、めちゃくちゃうまい野菜を作りたいとか、それで金儲けしたいとかいうことより、この地元の農村を再生させられるような農家になりたいと思うんです。

だから、普通の農家は、作物育てて、販売して生計立てるんですけど、僕は、このおでん屋もそうですし、あとはたとえば、除草剤とかまいてるおじいちゃん、おばあちゃんのところへ行って、除草剤買う代わりに、俺らが草刈りするから、その分の代金をもらえないかとか考えてるんです。

美登さんが、小川町を有機の里にしたように、僕も仲間と一緒にこの町で、人と人が有機的に結びつくような農的なことがしていきたいんです」

「食べていくために働く」とわたしたちはよく口にする。でも、ということは、食べ物を育てることができたら、わたしたちにとって「働く」とはどういう意味を持つことになるんだろう。二拠点生活やリモートワークなど、新しい働き方が模索されて久しいが、そういった働き方の形式ではなくて、「何のために働くのか」という本質を石原さんの生き方からメッセージを受け取ったような気持ちになった。

「そんなカッコいいもんじゃないです。理想と現実ってことで言えば、現実は甘くない。毎月、いろんな支払いあるじゃないですか。もうスリル満点。ヒヤヒヤの連続です。不安にもなります。でも、やっぱり、自分が育てたものが夕飯の食卓に並んでいて、それを食うと超うまいじゃないですか。これってとても豊かなことだと思うんです。

だから今、自宅についてきた畑を開墾して、貸し農園にしてみようかなとも考えてるんです。そうすれば、自分で育てたものを食べる豊かさを味わってもらえる人が増えるし、うちにとっても有機的なつながりが増えることになるし、自然とお金の流れも回っていくように思います。

それに、なによりも、自給的な暮らしをやる人が増えたら、日々の暮らしの中でもゆとりが出る人が増えますよね。それは、社会の平和にもつながっていくと思うんです」

そういえばと、石原さんが霜里農場での研修生の時に印象に残ったエピソードを教えてくれた。
「ある時、みんなで飲んでいた時に、酒の勢いを借りて美登さんに『有機農業を続けるコツって何ですか』ってストレートに聞いたことがあるんです。美登さんは即答で『それは意志しかないですよ』って答えてくれました。

レゲエのレコードも、畑で愚直に土に向き合うのもアナログなことかもしれないけど、僕はそういう手触りのある暮らしをしていきたいんです」
「意志」とは、はっきりした思考であり、それは言葉となる。鍬を振り、種をまき、収穫に喜ぶ。それは自然というゆったりとしたリズムに乗った、石原潤樹という農家が奏でる彼自身のレゲエミュージックなのかもしれない。

最後に、今、4歳の子どもがもう少し大きくなったら自分の仕事を何と説明するかと質問した。しばらく考え込んだ後、「無駄を削いで本質だけを手にするとしたら、やっぱり食べるものを作るってことなんですよね。それが世界の平和につながってくれればいいと願っているから、息子には『平和のおじさんだよ』って伝えましょうかね」と言って大笑いした。

あなたは、何のために働いていますか。

東樋口 正邦　eminini organic farm ｜ 奈良県 平群町 （ > P.54 ）

みんなが幸せになる農業を目指す。
そこは感謝しかない世界。

東樋口正邦さんは、大学で宇宙物理学を学び、就職後、「環境に負荷をかけずに子どもたちが安心できる幸せな未来を作りたい」と考えて農家になったという経歴の持ち主だ。

「うちは、家族の幸せを優先して農業をしています。農業の進捗は遅いかもしれませんが、まず家族を幸せにできない、もしくは幸せに暮らせていないのに、人を幸せにするものを作れるとは思えなかったんです。家族の幸せを中心に据えることで、幸せに田畑に立ち、ご機嫌な野菜やお米を作り、お客様にファンになってもらって、今の『eminini organic farm』が成り立っていると思っています。農業者は仲間、お客さんはファミリーといったイメージで考えています」

普通の人が想像する「従来の農家像」とは、少し異なるイメージではないだろうか。

「就農する時、家族を大切にしたい、子どもをしっかり面倒見たい、というのがベースにありました。それを農業という仕事と同時並行でできるはずだと」

ここで、ひとつデータを紹介したい。1985年、農家の人口は346万人だった。それから35年後の2020年、農家の人口はどれくらいになっていたか想像できるだろうか。答えは、約136万人。35年の間に、なんと210万人も減少していたのだ。さらに、もうひとつデータを紹介する。現在の農家の平均年齢である。一体、何歳くらいだろうと調べてみると、日本の全農家の平均年齢は67.8歳だった。（2020年農水省発表）

このふたつのデータを見てわかることは、ずっと農家をしてきた人たちが高齢になり、農家をやめていく。一方で若者たちの新規就農者は圧倒的に少ないから、新陳代謝が行われず、ただただ農家人口が減り続けているということだ。これが、農業の現状である。

このまま農家の人口が減り続け、都会に住む人ばかりが増え続けていったら、わたしたちの食べるものは、いったい誰が作ってくれるようになる

のだろう。そして、自分たちの子どもや孫、さらにはその先の世代においては、どのような社会になっているのか、予測すらできない。

東樋口さんは、そういう時代にあって、「みんなが幸せになる農業」を目指している。

東樋口正邦さんは、1981年に代々続く農家の長男として奈良県に生まれた。3歳の頃から祖父に連れられて、田んぼが遊び場だったと言うが、農家になろうとはまったく考えたこともなかった。「田んぼの手伝いをすることは好きでしたけど、野菜は嫌いでした。今考えてみると、品種改良の影響とかもろに受けた世代だったんだと思います。F1種の出始めの頃ですから、農薬や化成肥料も使っていたので、野菜の味的には厳しかった時代だったんでしょうね」

先ほど示したデータほどではないにせよ、農家の人口が減っていく中、いかに効率よく作物を育てるか。天候不順や病虫害の被害も受けずに、同じような形で同じようなサイズの作物を育てる。まるで工業製品のように、大量の作物を欲する社会のニーズに合わせて、農業がその実態をどんどん変えていった時代だった。「母親は、いい学校に入って、いい会社に就職するのがあなたのためよと言って、小学生の頃から塾に通わされていました。中学でもサッカー部に入りたかったんですけど、勉学がおろそかになるからと許してくれなくて、双方の妥協として卓球部に入りました」

本意ではなかった卓球部だったが、スパルタな顧問の先生との相性がよかったのか、すぐに夢中になった。「自分からやる気になったことは、もうとことんやる性格なんで、めちゃめちゃ燃えてました」

体力は誰にも負けないくらいついた。ショットも試合前の練習で見せると、他校がざわつくほど強烈なスピードだった。ただ、試合となるとまったく勝てなかった。「自分の中に最高のショットのイメージしか頭に

ないんですよね。思いっきり振り抜いて、相手も触れないくらいスパーンってきれいに決まるっていう感じの。だから、たとえば、11対5で勝ってるとしますよね。でも、そんなの目に入らなくて、ひたすら自分のイメージするショットを打ちたい。だから、守っておけば勝てるのに、ずっと思いっきり振り回して負けるっていう」

試合の勝負よりも、自分自身のイメージどおりにできるかどうかが重要だった。そんな性格は、祖父や父の田んぼの手伝いにも現われた。「中学や高校になると、お小遣い制というか、アルバイト代を出してくれたんですよね。その時もめちゃくちゃしっかり作業しました。田んぼの溝掘りとかすごくキツくて、一緒にやってた弟なんかは『もう疲れた』とかいって上がっちゃうんですけど、僕は最後までやり切ってました。もらえるお小遣いは同じなんですよ。だから、適当なとこで切り上げてもよかった。でも、自分の中の納得感がないと満足できなかったんですよね」

そんな「とことんやり抜く満足感」という自分本来の気質に再び向き合うようになったのは、大学を卒業して会社員になった頃だった。「大学受験に失敗した18歳の春、妻と出会いました。この時に、ふたりでいつか地球を守る仕事をしよう、と未来のそのプロジェクト名をemininiと名付けたんです。大学を出て就職し、彼女と結婚して、emininiプロジェクトは加速しました。生まれてくるいのちのためにも、食べ物を安心で美味しいものにしたいと、家庭菜園を始めたんで

す。初めは通いで自然農法の塾なんかにも行きましたが、しまいには広く借りられて、田んぼもさせていただける場所が見つかって引っ越しまでしました。職場からは遠くなりましたが、片道2時間、天気のいい日は自転車で通勤しました。仕事が終わって夜9時ごろからヘッドライトをつけて畑に行ってました。収穫した野菜やお米で食事ができることが、ほんとうに幸せでした」

同時に、自分の仕事に対してはやるせない気持ちが募るようになった。

「携帯電話の開発をしてたんです。もちろん、携帯が世の中に役立つ仕事っていう側面もあることは理解してるんですけど、製造工程で出た廃液とかを排出するじゃないですか。当然、自然環境にも影響しますよね。だから、毎朝、自転車通勤する途中の道に咲いている花を見ては『ゴメンな』って謝ってました。

マイナスな要素を出さずに生きていきたいと思っているのに、そういう生き方をしていない。自分自身に正直に生きていない自分を、あるがままに咲いてる草に、その尊さに対して謝ってたんだと思います」

ずっと違和感を抱えたままのある日、一冊の本に出会った。『農業を始めよう』という本だった。その本にはたくさんの農家が掲載されていた。そのなかのひとりが後に師匠となる故・山下一穂さん（P235参照）だった。

「最初、妻が『この人が一番カッコいいから会いに行ってみよう』って言ったんです」

山下一穂さんは、前出した石原潤樹さんの師匠の金子美登さんと並んで、有機農業を牽引してきた先駆者である。元々はミュージシャンで、その後、塾の講師を経て48歳で就農した。持ち前の感性と温かい人柄で有機農業界に新風を巻き起こしてきた人だ。そんな山下さんが暮らす高知県の農場へ訪ねて行った。

「とても懐の深い方で、実際に会って話していたら、気づいたらそれまで自分が考えていたことを全部話していたんです。環境を汚染しない生き方

をしたい、子どもたちが安心できる未来を作りたいとか。たくさん話した気がします」

東樋口さんの話を聞き終えると、山下さんは一言、「愛だな。愛」と言った。

「こんな若者特有の青臭い意見をすんなり受け止めてくれる大人がいるのかと、それだけでも衝撃でした」

実際に圃場（ほじょう）を見せてもらうと、さらに衝撃は続いた。

「一穂さんの農業のやり方は、汚染を出すどころか地球環境を浄化する農業だったんです。こんな農業があるんだってことを初めて知るわけです。

それと、ちょうどそれくらいの時期に妻が体調を崩したんです。それは結構自分の中で大きなことでした。だから、そのふたつが重なって、それで悟りと言ったら言い過ぎなんですけど、自分の道が見えたっていうか。四の五の言いながらサラリーマン続けてるけど、絶対、農業をしようと覚悟が決まりました」

妻は大賛成してくれた。だが、両親は大反対だった。「食えないぞ」。それが理由だった。

1980年代後半から90年代初頭にかけて日本はバブル経済に湧いた。「一億総中流」ともいわれ、若者はブランド品を買い漁り、大人たちは海外の不動産や芸術作品を手に入れ、企業は世界中へ投資をしてひたすら利益を求め続けた。そんな当時、農業をはじめとする林業や漁業などの一次産業は「3K（キツい、汚い、危険）」と揶揄された。社会全体で農家を見下した風潮が蔓延した。そし

てバブル崩壊。どんどんシュリンクしていく経済の中で、「コスト」という言葉に象徴されるように、農作物などはどんどん買い叩かれるようになった。

　こんなジェットコースターのような時代の流れに翻弄されてきた両親や祖父が「農家では食えない」と反対するのはもっともなことだったのかもしれない。だが、この時、「自分からやりたいと思ったことはとことんやる」という卓球魂が再び活性化していた東樋口さんは反対を押し切った。山下農園に研修生として参加した。

「山下農園では3年間お世話になりました。2年目の途中から農場長もさせていただいて。一穂さんからはもちろん野菜の栽培についても教わりましたけど、一番学ばせてもらったのは、野菜や土に対する姿勢でした。

　ある時、一緒に草取りしてた時やと思いますけど『草取りする時、根っこごとバッと引き抜いてそこらへんにドカッと置いてる奴がいるだろ。ああいう奴は、根っこのまわりで土の中で微生物の世界が広がっていることに対して何の敬意も持ってないんだ』って言われて。そういう、直接は見えないところに対しても想像を働かせているんだって。その想像は絶対に間違っていないと思ったことをよく覚えています」

　33歳の春に、『eminini organic farm』をスタート。

「研修3年目の2月、よく晴れた日に、一穂さんに独り立ちの意志を告げました。『自信はあるかえ』と励ましていただきました。その時、ふたつアドバイスをいただきました。『売ることを考えずに、いいものを作れ』と『村一番のお人好しになれ』です。今も一番大切にしている教えなんです。『お人好し』は、たとえば、新規就農者として、なんか共同作業があれば、来んでええと言われても行きます。それで話の輪に入る。そしたら、少しずつですけど、信用が得られます。行動することで実践できるんで、簡単です。でも、『売ることを考えずにいいものを作る』のは難しいです。お客様のリクエストで宅配を始めたんですけ

ど、期待に応えようとして多品目栽培にして、栽培量も増やしたんです。そしたら、自分にできる作業量を大きく超えてしまって大失敗しちゃいました」

　宅配の野菜セットを作るためには、多様な野菜を詰め合わさないと飽きられてしまう。そのために、畑では多品目な野菜を育てなければならない。播種（はしゅ）時期も、収穫期もすべて微妙に異なる作物を何種類も同時に育てるには、一種類だけに特化して大量生産する農家と比べると圧倒的な作業量が農家への負担となってのしかかる。

「僕の場合、ひとつの野菜をしっかり育てると、多品目栽培ではほかが手薄になって品質を落としてしまいました。マイルールで、うちの家族が美味しいと言わない野菜は出さないことにしていたので、形はできていても美味しいと言われない野菜は畝（うね）ごと土に還してしまうことがよくありました。

　しかも、家族の時間もうまく取れなくなってい

ました。それで、手間のかかる少量多品目栽培から、思い切ってお米の栽培を中心に据えました。僕の行っている農業には完成したレールなんてないんで、家族の幸せを軸に、いいものを作ることだけを考えて、自分たちの農業を組み立てていってます。そうやって失敗したり、家族に負担かけたり、大きく方針転換したり、ひとつひとつのピースのどれが欠けても、その時の僕の目の前の世界は成り立たない。だから、どのピースもポジティブに大切に受け取っています。そうすると、いつも胸を張って失敗を受け止め、今まで続けていたことに執着することなく、次の展開へチャレンジできますから。

　僕はいつも家族に感謝しながら、『今年の田んぼはこんな新しい藻が発生して、水質良さそう』とか『今年のなすは水がないから8月は全然取れないだろうなぁ』とか全部話をしているんです。そして田畑に連れて行くと、みんな納得してくれますし、当然ですが、それぞれに自分ごとなんです。そうして、家族全員で農業をやっていくのが幸せの秘訣だと実感してるんです」

　今は、田んぼを中心に据えているが、いったんストップしている野菜の宅配もまた始めたいと思っている。
「宅配してた時って、配達にすごく時間がかかったんです。それは、一軒一軒のお客さんと話していたから。ほんとにありがたいことなんですが、配達にいってありがとうと言ってもらえ、こちらももちろん、ありがとうございますで、実際には

野菜とお金の交換をするんですけど、心では感謝の気持ちの交換ていうか、すごく気持ちがいいやり取りで、そこは感謝しかない世界なんです。

　そうやって毎回話してたお客さんは、メインの品が野菜からお米に代わってもずっとついてきてくれました。だから、子どもに手が掛からなくなる頃にはまた野菜をいろいろ作っていきたいんですけど、お客さんもそれをわかってるって感じるんです。お互いに大切に思いながら、共に進んでる感じです」

　未来の環境を思い、地球を守るために農業をする。そのために、とことんまでやりまくる東樋口さんの生き方に共鳴したのが、家族であり、お客さんたちだった。
「もともと要望もあって、去年初めて米粉を作ったんです。妻がたくさん調べてくれて、地元で最高の仕上がりに製粉してくださる加工所さんに巡り合いました。
『米粉を販売するなら、レシピとともに』というアドバイスをいただき、SNSで毎日レシピを発信したところ、ありがたいことに大反響をいただいたんです」

　独立して7年目を迎える。
「一穂さんの言う通り、ただひたすらいいものを作り続ける。そうすると、収入は必要最低限のところで安定してきました。家族との時間と農業とのバランス、いいものができてお客様に喜んでもらっているか、自然栽培を実践する際にまわりの農家の先輩がたに迷惑をかけていないか、などの総合点が収入という形になって表れているように思います」と言う。
「これは『SHARE THE LOVE for JAPAN』のおかげでもあるんです。すごい方々のところへ勉強に行かせていただけたおかげで、気づくのに10年かかったりするようなことをたくさん学ばせてもらえたからです。鳥肌立つわ、っていう話をポロポロ教えていただけて。

　そのおかげもあって、農家として確実に階段を上がっています。田んぼに立っても、毎年見える

景色が全然違うんですよ。去年は意識すらしていなかったポイントに、今年の田んぼでは一番気を使っていたりします。

自然栽培のお米に舵を切ったのも、こうした勉強会のおかげなんです」

コートにひとりで立って、ひたすら最高のスマッシュをイメージして振り切っていた少年は、今、田んぼに立つ時はひとりではない。家族や応援してくれるお客さんたち、そして仲間と一緒に立っている。小さいけれど、地球を守る幸せな農業を軸とした暮らし方が、水面に小石を投げた時の波紋のように少しずつゆっくり輪になって広がっていく未来をイメージさせる。

「もうモノを消費してる時代じゃないんやろうなって思います。そのモノに込められたストーリーというか、僕の生き様に共感してもらってるって感じですかね」

ここ数年、クラフトという言葉をよく目にする。大量生産されたものではなく、作り手の思いと技術とこだわりから、一つ一つ丁寧に生み出されたモノは、それだけで価値が高くなっているし、それらの作り手は作家としてリスペクトも集めて

いる。考えてみてほしい。農作物こそ、人間と自然が一体となってクラフトしているものではないだろうか。

野菜は工業製品ではない。スーパーに並んでいる野菜には、すべて作り手がいる。そして、毎年変わる気候や災害や病虫害に翻弄されそうになりながらも、自らの生命をつないできた奇跡の連続の結晶なのだ。そして、農家とは自然を相手に汗を流すアスリートであり、一つ一つどれも個性豊かな野菜やお米たちを作り上げる職人であり、アーティストでもあるのだろう。

冒頭で東樋口さんが語っていたことを思い返してほしい。

「農業者は仲間、お客さんはファミリーといったイメージで考えています」

この言葉には、生産者と消費者というような区分はない。消費者というと、野菜の旬や農法を知らず「一年中トマトを食べたい」とわがままをいう人。一方、生産者というと、時代の流行やニーズに疎い頑固な人たちと、対抗的な存在のように語られることが多かった。

だが、東樋口さんという農家が地域にひとりいるだけで、高齢の農家の先輩たちともつながり、同時に、消費者である主婦、はたまたマルシェで出会ったたくさんの人たちもつながり、結果として、東樋口さんのまわりにはお米や野菜でつながるコミュニティがゆっくりとではあるが生まれているのである。そして、食べる人と育てる人が互いを理解し合うことで、環境に負荷をかけずに「子どもたちが安心できる幸せな未来」も生まれるのではないか。

こんな幸せな農家を見たら、「自分たちも農家になろう」という若者が増えるかもしれない。そうすれば幸せな農家が増え、幸せな消費者が増えるだろう。この東樋口さんの存在は、農家の消えゆく今の日本において、希望の光となるだろう。身近に気になる農家がいたら、ぜひ話しかけてほしい。あなた自身もこれからのワクワクするような農業を作るメンバーなのだ。

阪本 瑞恵　むすび農園 ｜ 長野県 松本市（ > P.16 ）

生きる喜び。
そのすべてが畑には詰まっている。

「これからは、映画の上映会とかイベントもどんどんやっていきたいと思っていますし、ここ（松本）から、少しでも多くの人が食や農に意識を向けてもらえるような活動も畑と並行してやっていきたいなと思っています」

　東日本大震災をきっかけに、2011年8月に茨城県から長野県・松本へ移住をした阪本瑞恵さん。5年前、その阪本さんとのこんな会話をしたことを思い返しながら、久しぶりに阪本さんが主宰する『むすび農園』を訪れた。あの時の「これからやってやるぞ！」と気合いの入った真剣な眼差しが強く印象に残っていた。

　古民家の庭先へ入っていく。色とりどりの野菜が、コンテナに仕分けられてずらっと並んでいる。その中で、たくさんの女性たちが、野菜を袋詰めしているところだった。

　阪本さんを探すと、少し離れた場所から女性スタッフたちの様子を微笑みながら見ている。ずいぶん雰囲気が変わったような気がする。それは髪型とかファッションとか外見的なことではなく、阪本さん自身が発する空気感とでも言おうか。

　5年前に初めて会った時は、少しピリピリとしたというか緊張感を漂わせている感じもあった。そして、畑でも、出荷作業でも、常に先頭を切ってがむしゃらに働いていた。その姿からは、自分がみんなを引っ張っていかなければというリーダーとしての強い意志と自覚のようなものを感じた。それが、今、目の前では地元の女性たちが時に冗談を交わし、時に子育ての悩みを話しながら、それでいて一つ一つの野菜を慈しむように丁寧に扱いながら袋詰めをしている。なんだかとても穏やかな空気が流れている。

　一体、阪本さんにとって、この5年間でどのような変化があったのだろうか。

　そのことを紐解こうとすると、そもそも、小学生の頃に感じていた『正義感』が、阪本さんの人生に大きな影響を与えていたということから話は始まった。

阪本さんは、1976年、滋賀県・信楽町で生まれた。家父長制的な価値観の強い家で、折々に不自由さを感じたという。
「弟がいるんですけど、実家にいると、弟は男の子だから後を継ぐ。女の子の私は嫁に行く子っていうか。女の子だから家事を手伝うとか、そういう『女の子だから』『男の子だから』みたいなのが当たり前のようにあって。ずっと、『あなたは女の子だから』って言われ続けてきた。私は、普通に飛びたいのに、羽を広げられない。そういう感覚というか、苛立ちみたいなものがあったんです。
　明るくて芯の強い母ですが、私が小さい頃の記憶では、祖母にしかられて泣いていた姿を覚えています。お嫁に来て苦労もいろいろあったんだと思います。もともと正義感が強い性格だったのかもしれないですけど、そういう環境で育ったことで、より『母を守りたい』とか『男性でも女性でも同じ人間でしょう』っていうような意識が強くなったんだと思います」
「困っている母を助けてあげたい」という気持ちは「困っている人の役に立ちたい」という気持ちも喚起した。中学生になると積極的にボランティア活動に参加するようになる。
「障害のある子どもたちの施設に行って、食事の介助をしたりしていました。毎年行っていたので、そこで知り合った子と文通もしてましたね」
　話が前後するが、父の仕事の関係で小学校の時、4年間、アメリカのニュージャージーで暮らした。
「アメリカでの生活はすぐになじみました。ガールスカウト入ったり、キャンプ行ったり、ミュージカルを見せてもらったりとか文化的ないい経験もさせてもらいました。でも、もっと良かったのは、アメリカでは、自分を表現してもすんなり受け入れてもらえたことが大きかったかな。帰国して日本の学校に戻った時に、いちばん驚いたのが、みんなすごく『ごめんね』って言うんです。すごく気を遣い合っているというか。出る杭は打たれるじゃないですけど。だから、高校生くらいまでは、あんまり自分を出さないようにしてましたね」

　自分らしくいられたアメリカへもう一度留学に行きたいと思い、大学では英米学科を選んだ。同時に、さまざまな団体のボランティア活動にも参加した。アムネスティのボランティアに参加していた時、図書館で一冊の本と出会った。
「『エビと日本人』という本です。内容としては、日本人たちが食べるエビが、実は世界の環境を破壊していて、それでも、日本人はそんなことに気づかずに世界中のエビを食べ尽くそうとしているというノンフィクションでした。
　すごい衝撃で。読んでいて泣いたんです。日本が世界から収奪しているというか、環境や富に対してもすごく影響を及ぼしている。その本を通して、世界に対して日本のしていることを知って。でも、じゃあ、私もその日本の中のひとりの日本人なんだよなって気持ちにもなりました」
　若さに正義感が加われば、それはすさまじいエネルギーとなる。ボランティア活動にさらにのめり込むようになった。
「社会の中で抑圧されている人たちを助けたいって強く思っていました。今から考えると、自分自身を重ねていたんでしょうね。社会活動だから、堂々とその活動にエネルギーを注ぎました。
　ボランティア団体で働いている人たちも素敵な人が多かったし、大学の担任の先生も環境問題とか人権問題に詳しくてご自身も活動家の方だったので、すごく影響を受けましたね」
　就職先はNGO一択だった。
「自分のエネルギーを全部注いで、より良い社会

を作る活動をしたいとずっと思っていましたから。ただ、NGOは全滅で。理由は、NGOは人材を育てる余裕がないってことでした。それで東京に就職活動に行ったら、たまたま青少年の国際交流団体の募集があって、そこに決まったんです」

　大学は関西だったので、就職と同時に上京。初めての東京での暮らしが始まった。仕事は、アメリカやカナダの子どもたちとのホームステイ交流や、スキーや夏の国際交流キャンプ、大学生向けの環境プログラム・リーダーシップトレーニングを担当した。なおかつ、夏休みの長期休暇などは、学生時代に関わっていたNGOの手伝いをしにフィリピンに飛んだり、インドネシアの植林活動にも関わっていた。

「やりたいことに120％の力を投入したいタイプなので、夢中で取り組んでいました。3年間、国際交流の団体で働きましたが、インドネシアの植林活動をしているNGOがスタッフ募集をしたことを知って、そちらへ転職しました。

　東京での一人暮らし。ありったけの情熱と体力をすべて自分がやりたいことに注いだ。とりわけ、森が皆伐されてしまったインドネシアのスンバ島へ植林して自然環境の再生を促す活動には人一倍の思い入れがあった。自分が動くことで社会は変わる。きっと世界は良くなる。ずっとそう信じてきた。ところが、ある時、現地のスタッフと会話していた時のことだった。思いもよらない言葉を聞いた。

「私たちが行っている活動によって、それに依存してしまう人たちがいたり、いろいろとネガティブな要素もあると言われたんですね。自分が大事にしてきた活動が、まさかそんな側面があるとは思っていなくて。その時、私がこれまでやってきたことってなんだったんだろう。こんなに身を粉にして必死でやってきたけど、本当に価値があったんだろうか、って」

　子どもの頃から持ち続けたまっすぐな正義感。だが、正しいことはひとつじゃないんだ、と教えられた気がした。すると、それまで阪本さんの精

神力でなんとか持ちこたえていた体が一気に変調をきたす。

「燃え尽きちゃったというか。体がまいっちゃったんです」

　自分の足元を見つめ直そう。そう考え始めた時に、ちょくちょく田んぼや畑へ連れて行ってくれたのが、夫の考司さんだった。NGOの活動を通じて知り合い、結婚した考司さんは東京農大の出身。東京近郊の農家さんのもとへ農作業の手伝いによく行っていた。ある時、夫が敬愛していた茨

城県の筑波山麓で1983年以来、有機農業を実践されてきた筧次郎さんの講演会をふたりで開いた。「筧さんも収奪の構造に心を痛めていて、大学教授の職を辞めて、百姓になった人だったんです。だから、お話を聞いていると、自分で自分の食べ物を作って生きることが、開発途上国から収奪しない生き方へつながっているんだっていう話や、本当の豊かさとはなんだろうというような、まさにその時の自分が、本当にそうだよなって実感をもって感じることが多くて。

　なによりも、筧さんの話を聞いていくうちに、都会で体調を壊しながら必死で働いてきたけど、自然のリズムと共に暮らしてみたい。昔のお百姓さんのように百の仕事をできる人になりたい。せっかく生まれてきたんだから、生きる力を発揮して生きてみたいってすごく思ったんです。『エビと日本人』以来の人生においての2回目の大きな衝撃と転機になりました。すぐに夫に『筧さんのところで研修生になろう』って言いました」

　これまでは、誰か困っている人を助けようと働いてきた。だが、それはどこまでいっても自分とは違う他者の問題への関わりである。自分自身が当事者になろうと思った。

「生き方なんだ。足元の生き方なんだってすごく感じて。それで農家になろうと決めたんです。さっきも話しましたけど、やりたいことがあると120％やりたいタイプなので、農を趣味にしてとは思えなかったんですよね。百姓で食べていきたかった。ただ、それまでは雇われて生きてきたじゃないですか。だから、そういう経済社会の中から降りるっていうのはすごく怖かったし、子どもが生まれたら学費とか出せるんだろうかとかいろんな不安もあったんですけど、思い切ってえいや！って始めたんです」

「筧さんからは『うちはトラクターとか大型機械も使わないし、普通の農家よりもハードだから覚悟しておいたほうがいい』と言われていたので、体力とかそういう意味でもかなり覚悟を決めて行きましたね」

　筧さんの研修とは農業技術だけでなく、百姓の暮らし全部を伝えてくれるような日々だった。「毎朝、早朝から作業をして、それから朝食をみんなで一緒にいただくことから始まって、ヘロヘロになるまで作業をする。それが終わると、夕食を奥様と一緒に料理して、みんなで一緒に夕食を食べる。ずっと一緒に過ごすんですね。そういったなかで、もうまるごと百姓の生き方・暮らし方を伝えてもらいました。

　研修は本当にきつかったですよ。でも、やっぱりあの時に伝えてもらった筧さんの百姓の心っていうのかな、百姓暮らしの豊かさ、季節の旬のものを食べる喜びとか、冬は農閑期だから竹細工を作ったりとか、本当に百の仕事を学ばせてもらいました。あれが今でも私のベースになってるって思いますね」

　そして、2008年、夫婦で『むすび農園』として農家として独立した。阪本さんは32歳になっていた。

　農家として独立した時、一つの言葉を掲げた。それは「みんな」という言葉。それは、収奪せずに自分たちの手で作物を作りたいという社会活動の頃からの一環した正義感とリンクしていたのかもしれない。当初こそ、親戚とか知り合いが野菜を購入してくれたが、夫妻の人柄に惹かれた人たちが、少しずつ都会から援農に来てくれるようになった。

「最初の頃の野菜は、今思えば出来もひどかったと思います（笑）。それでも、週末に援農に来て

くれた人たちと一緒に畑をやって、一緒にご飯も食べてお風呂も入って、語り合って寝るっていう、濃密な関係になりましたね。

　農業のやり方は、私は筧さんに教わったやり方そのままでやりたかったんですけど、夫から『それだと食べていけない』って言われて、ふたりで話しながら少しづつ自分たちらしい農のあり方を作っていきました」

　少しずつ農家としての暮らしが形になり始めてからは、自分たちで主催するイベントなども企画するようになった。活動のフィールドを海外への支援事業から畑へと移したものの、社会活動への意欲も手放すことはしなかった。むしろ、農家になったことで、すべてが新鮮で、湧き上がる意欲に突き動かされるように走った。

　就農3年目になって子どもが生まれた。まだ生後1か月くらいだった子どもを横に寝かせながら出荷作業をしていた時だった。突然、ものすごい揺れが襲ってきた。古民家だったので、家が壊れそうになるくらいに揺れた。夫は畑に出ていた。怖くなって、子どもを連れて田んぼの畔（あぜ）に行って夫の帰りを待った。テレビを持っていなかったので、何が起きているのかわからなかった。
「親から『津波が来るらしいから、海から離れたところへ行け』ってメールが来たんですけど、その意味もわかりませんでした」

　それが2011年。3月11日のことだ。

　ひとまず畑を離れ、夫の実家のある町で暮らすことにした。

「農業ができなくなったことで改めて実感したんです。私にとって、農業は生きる喜びなんだって。だから、すごく苦しい一年でした。

　放射能が降った後の野菜をお客さんには出せないからすぐに出荷もやめました。夫も『以前のように気持ちよく茨城で農業はできない』ってずっと言っていて。それでも地域には有機農家の仲間もいるし、あの場所を離れるっていう決断をするまでにすごく悩みました」

　悩んだ末の移住の決断。関東近郊から関西までたくさんの土地を訪ねて、再出発の地を探した。田舎暮らしがしたい阪本さんと、人が好きで少し都会的な要素もあったほうがいいという夫の意見を重ねて決めたのが松本だった。市役所に問い合わせると農地はあるという。すぐに見に行った。松本市内から15分ほど車で走ると、なだらかな丘陵地帯へと案内された。遠く松本市内までも見渡せるほど開かれた空と山々の緑に囲まれた穏やかな土地だった。
「一目見て、景色があまりにも素晴らしくて、ここに住めたらいいなって思いました。今の家も私たちが行く前日に大家さんから農業委員会に『震災で困っている人が誰かいたら』って話していたそうなんです。で、普通なら紹介しないけど、たまたまそんな連絡があったのでって家も見せてくれたんです。ふたりで『ここだね』って」
「夫婦で揉めることなく初めて意見が一致した（笑）」。松本での再出発だったが、農家としてどう生計を立てていくかですぐに意見は分かれた。
「夫は、『松本は茨城と違って冬の気候が厳しいから出荷ができない。それだと現金を外に稼ぎに行かないといけないから、俺は仕事を持つ』と。私は、ふたりで『むすび農園』をやろうって言ってたじゃんって。一緒に夢を追っていたのに、ひとりだけ降りられちゃう感じがしたんですよ」

　それが大きな転機をもたらすことになった。
「彼がフルタイムでできなくなったことで、誰かに手伝ってもらわないと成り立たなくなったので、移住者のメーリングリストに、畑のお手伝いをし

てくれる人の募集を出したんです」

　メールに反応して、出荷のお手伝いに来てくれたのは４人だった。

「筧さんのところでの研修も、茨城でも都会からの援農に来てくれた人たちとか、農をするようになって、分かち合う仲間たちと一緒に農業をすることが喜びだったから、松本でも『みんな』と一緒にやりたかったんです」

　そうして松本に拠点を落ち着けて、ガンガン活動していたのが５年前に会った頃のことだ。

「でも、また、がむしゃらにやりすぎたんですよね。３年前かな、ある時ちょっと疲れたなと思って河原で寝転んだら畑に戻れなくなってしまって。軽い鬱っぽいっていうか。燃え尽きちゃったんですよね」

　思い切って１年間出荷を休むことにした。

「その期間で初めて自分自身と向き合ったんですよね。社会の役に立つことで自分の価値を感じて生きてきたけど、肝心の自分自身とつながれてなかったんですね。自分のことを放ったらかしにしていたんです」

「正義感」を手放してみると、そこには「家族と自分と農業とみんな」がいた。

「自分にとって大切なもの。生きる喜び。それが、私にとっての農業なんだって、初めて自分とつながったことで実感したんです。それからですかね。社会を変えようとかするよりも、自分たち自身の幸せを広げていくことが大切なんじゃないかと思えて。

　援農に来てくれる人たちも、最初は出荷班だけだったのが、『畑もやりたい』って言ってくれる人が出たので畑班が始まって、今ではいろんな仕事をみんなで分担してます。『これがやりたい』っていう意見はなるべく尊重しながら全体でバランスをとりながらやっています」

　気がつけば、定期的に通うスタッフは40名。援農で来る人も含めると60名くらいの人たちが『むすび農園』に関わっている。

「毎年、スタッフにアンケートを取るんですけど、やっぱり人とのつながりとか、土や自然の中で作業する気持ちよさ。体を動かして美味しい野菜を食べることが、みんなの暮らしの中にもサイクルとして入っているみたいです。

　畑には人生とか暮らしに求めるもの、私にとっても生きる喜びのすべて、全部があるんです」

　かつての阪本さんは荒野に立つ一本の樹のような生き方をしていたのかもしれない。それが、畑で育つ野菜たちのような生き方にシフトした。野菜たちは、広い畑に一粒種をまくだけでは育たない。たくさんの種をまいて一斉に育てることで大量の光合成が行われて、そのエネルギーが土に入り、やがて野菜自体の栄養となって還ってくるのだ。一つ一つの野菜はそれぞれが自立しているが、共に育つことで土を耕し、作物自体の生命もつないでいく。野菜と畑とは、自立と共生の見事な調和が取れている。今の『むすび農園』は、まさに自立した人たちが共生しあっている畑のようなコミュニティへと育っている。

阿部 正臣　テンネンアマル ｜ 徳島県 上勝町 （ > P.182 ）

里山農業の形を作り、
次世代へつなぎたい。

徳島県・上勝町といえばSDGsに注目が集まる以前から、先駆的な循環型の取り組みを行うごみゼロのエコロジカルタウンとして知られている。その町で農業を営む阿部正臣さんは、徳島市内で1975年に生まれ、13年前に上勝町に移住した。「僕の原体験は、日本の三大秘境といわれる徳島県・東祖谷の祖父母との暮らしにあります」

両親が自営業で多忙だったため、幼少期からよく祖父母の家に預けられていた。「じいちゃん、ばあちゃんが農家だったので、2、3歳の頃から畑に連れて行ってもらってたそうです。よく覚えてるのは、食べ物のことで、ごうしもっていう地元のじゃがいもがあるんですけど、独特の食感と風味があって、それを茹でて塩だけで食べるのがうまい。あと、ひらら焼き。河原にある平らで大きな石を鉄板代わりに熱して、その石の上に味噌で土手を作る。砂糖と酒で溶いた味噌出汁と釣ってきたアマゴとか地元の固い豆腐、自家製のごうしもやこんにゃくなんかを入れてグツグツと煮る。これがすごく美味しかった」

三つ子の魂百までというが、祖父母との暮らしは子どもだった阿部さんの心に自然の中で暮らす豊かさを植えつけた。一方、徳島市で自動車販売店を創業した父と母は、長男である阿部さんに後を継ぐことを望んでいた。なんとなく将来は後を継ぐものなんだとも思っていた。ジャッキー・チェンが好きだったので高校と大学では空手に没頭し、全国大会にも出場したが、大学卒業後は、父の仕事を一緒にやるようになった。

「自動車の販売、修理、保険、鈑金塗装など一通りの仕事をしました。車はどちらかというと好きでしたが、充実感がなかったんです。このままこの仕事をやっていけるんだろうかとか、何のために仕事をやるのかとか、悩むようになりました」

自分はどんな生き方をすべきかとずっと考え続けた。そして、浮かび上がってきたのが、「自然・伝統・モノづくり」というキーワードだった。父親と大喧嘩をして家を飛び出し、自然環境系のNPOでボランティアをしたり、造園のアルバイトをしながら、自分に合う仕事を探し続けた。「そんな時に出会ったのが藍染めでした。自然の植物から色を取り出して、伝統的な手法でモノ作りをする。これかなって」

さっそく徳島で染織作家や、藍染めの染料であ

る蒅（すくも）を作る藍師を訪ねたが、仕事にするにはなかなか難しかった。そうこうするうちに運良く京都の草木染め工房に入れることになった。
「その時は30歳くらいでしたね。結婚もしていたので、単身京都に行きました」

　天然染料による染色技法や、オーガニックコットンなどの自然素材を使ったモノづくりに魅了された。
「店主には、染色の知識や技術だけじゃなくて、『自分の作りたいモノをつくればいい。自分と同じ感覚を持った人が必ずいるから』とか、ものづくりの考え方なんかも教わりました」

　それから一年半経って、独立するために京都の工房を辞めた。徳島に戻ると、自動車の仕事を辞めた後働いていた社会福祉協議会で出会った、ボランティア界の大家だった人から声をかけられた。
「上勝町で子どもを育成する事業を計画してるから、草木染めもそこで一緒にやらないかというお誘いがかかったんです」

　その誘いを受けて頭に浮かんだのが、自身が幼少期に過ごした東祖谷での暮らしだった。
「草木染めは自然のものを扱う仕事ですし、ちょうど息子が小学校に上がるタイミングだったので、僕の原体験でもある田舎暮らしを体験させてやりたいと思ったんです」

　原体験の里山の暮らしを求めて阿部さんが上勝町に移住した頃、ちょうど上勝町有機農業研究会が発足。阿部さんも誘われてスタッフになった。
「でも、有機農業研究会というわりには木を切る仕事が多かったです。まあ元々、林業が盛んだった町なので。で、ある時、放置竹林の間伐の仕事があって、切った竹は邪魔にならないようにチップにしていたんです。それを見た時、農業で有効活用できないかって思いました」

　まだ、その時点では農の本格的な手ほどきは受けていない。竹チップは優良な有機質資材だと聞いていたが、有効な使い方を文献やインターネットで調べたり、有機農業の講座に参加するなど、手探り状態でほうれんそうを作った。その竹チップを使ったほうれんそうがどれだけのものなのか

試すことになり、ちょうど初めて開催された『オーガニックエコフェスタ』のコンテストに応募してみた。硝酸態窒素やビタミンの含有量、抗酸化力など機能性の科学的な分析データと、味わいはお客さんの投票で決まるコンテストだった。
「そのほうれんそうが、分析データでも美味しさ投票でもトップで、最優秀賞に選ばれたんです。そこから、食べ物を作るって面白いなって。

　当時から農薬や化学肥料は使いませんでした。マルチも使わなかった。そうしたら、虫には食われるわ。雑草は生え放題になるわで」

　いろいろな講座に出かけて勉強していく中で、「この人に教わりたい」と思えたのが、前出の東樋口さんの師匠でもある故・山下一穂さん（P235参照）だった。
「最初は1泊の講座に参加したんです。昼は座学と大根の種まきをして、夜はお酒を飲みながら懇親会をしたんですけど、当時、すでに一穂さんは有機農業参入促進協議会の会長も務めていて、僕

からすると偉い人じゃないですか。でも、話すと気さくで、まったく距離がないというか。どういう思いで農業をしているのかとか話してくださって。山下一穂という人に惹かれました」

そこで、「上勝流有機農業を考える」というイベントを企画して山下さんを招いた。講座も面白かったが、夜の懇親会でのことだ。

「一穂さんの講座の時に、僕も前座でプレゼンをしたんですよ。受賞したほうれんそうの。でも参加者にあまり響いている感じじゃなかったんです。そうしたら、夜の懇親会の席で一穂さんが当時の町長に『こうやって若い奴が頑張ってるんだから、あんた、話を聞きなよ』と目の前で言ってくれたんですよ。すごく嬉しくて。この人のもとで農業を学びたいと思ったんです」

山下さん主宰の『土佐自然塾 有機のがっこう』へ入塾を決めた。畑まみれの日々が始まった。

「今でこそ農家は天職かなと思いますけど、最初から、そうは思わなかったですよ。たとえば、1

畝70メートルのにんじん畑の畝を朝からひたすら除草作業。こんなしんどいことやらなあかんのかって思いました。ただ、高校の空手に熱中してた時もそうだったんですけど、キツイほど燃えるっていうか。ドMなんです（笑）」

1年間の研修を終えて上勝に戻った。

「やってやるぞ、って燃えてました。ただ、上勝の地元の人からも、ここで農家で、しかも有機でやっていくのは無理だと言われました。

たしかに、平野部のように広くてまとまった圃場があるわけじゃないし、雨が多い地域なので日照時間も少ないし、病虫害のリスクも高い。でも、そういうこともありながら、グランプリを獲るほうれんそうを作れる土地でもあるんです。実際、本格的に就農してから1年目にかぶ、2年目にはカリフラワーでも優秀賞をいただきました」

今や日本中の中山間地域、いわゆる全国の里山の過疎化は社会の大きな課題でもある。

「僕が上勝にこだわるのは里山だからです。どこの里山でも、その土地で生きていくうえで、そこで暮らしていた人たちが切磋琢磨して一生懸命築いてきたものがあるじゃないですか。自然との間で。今の社会って、そういったものがまったく価値がないみたいになっている。僕はすごく大事だと思うし、それこそが人間が生きていくために必要なものだと思うんです」

そこに暮らす人たちがいれば、それぞれの風土に根ざした文化が生まれる。文化＝Culture の語源は、耕すという意味の cultivate である。阿部さんは、まさに上勝の土を cultivate して、阿部さん流の上勝の culture を生み出そうとしている。

「僕は『里山の文化継承』をしたいんです。でも僕は上勝出身じゃありません。ただ、伝統は、新しいことを取り入れていかないと続いていかないものだと思うんです。阿波踊りの老舗の連にも所属してるんですが、うちの連長も『伝統を守るには自分たちのスタイルを貫くことも大事だが、新しいことを取り入れていくことも重要。それがな

ければ続いてこなかった』と言ってました。

　僕が上勝に移住してきて、有機農業だったり新しいことをやることで地元の人たちとの間に化学反応が生まれる。ここの土地で、ここの土を耕して、新しい価値を持ったモノを作っていきたい。それができたら、日本全国、里山の課題解決のモデルケースにもなるんじゃないかと思うんです」

　ここ数年、里山に移住する若者が増えているが、地域で仕事が見つけられなかったり、うまく地元の人たちの中に溶け込めずに、結局はしばらくして去ってしまうことの方が多い。

「農業が面白くなってきたのは、ここ数年なんです。塾生だったとき、一穂さんからは、現場でセンスを磨けって言われましたけど、作業がハードで、毎日それをこなすのに精一杯で、畑のことも土のこともあまり感じることができませんでした。でも、そこを乗り越えて、経験を積んでいくことで、感覚が研ぎ澄まされてきて、今では畑にいる

といろんなことを感じることができるようになってきました。

　物ごとって、面白くなるまでやるのがキツイじゃないですか。そこまでやれるかどうか。面白くなるまで、我慢して努力できるかですよね」

　そう語る阿部さん自身、まだまだ面白くなるまでの努力と我慢を重ねている。

「研修を終えて、上勝で有機農業を始めた当初は、人を入れて規模を拡大しようとか、できた野菜を使って加工品の開発をしようとか、いわゆる六次産業化を目指してがむしゃらに動いた時期もありました。でもなかなかうまくいかなくて。だったら、やり方を変えて、ひとりでできることをまずはとことん追求しようと思っています。そう決めて、藍染めも休んで農業だけに集中することにしました。自分の技術と可能性を追求して、阿部流の里山農業を作っていこうと思っています」

「自然・伝統・モノ作り」を追いかけてたどりついたのは、幼少期の原体験が色濃く反映された里山での農を軸とした生き方だった。

「じいちゃんは死ぬまで鍬を振っていて、そんなじいちゃんを尊敬してますし、やっぱり農業は奥が深い。自動車の仕事をしていた時って、社会がどういったものかよくわからなかったんです。それが、こうやって畑で自然の近くにいると、むしろ、社会と自分だったり、人と人がつながるようになった。だから、僕はここに根を張りたい。そして街に暮らしている人たちと里山を結びたい。それを次の世代に渡していきたいんです。

　以前は農法も、こうしなきゃダメだみたいな感じだったんですが、今は逆にこだわらなくなってきてます。有機農業って、その時の環境に合わせてやっていくものですから。それをバトンを渡すまで追求するのが僕の使命だと思ってます。

　もともと上勝に移住してきたのも運命だったと思うんです。自分の意志で来たというよりは流れですよね。これからも、流れにまかせながら、自分がやるべきことをやっていく。それだけです」

天野 圭介　ONE TREE ｜ 静岡県 浜松市（ > P.186 ）

自然が与えてくれる余剰で生きる。
D.I.Y.で丸ごと楽しむ人間本来の暮らし。

　天野圭介さんは、『SHARE THE LOVE for JAPAN』の中でも異色の農家だ。何が異色かといえば、まず、天野さんは自分で育てた作物を販売していない。基本的には家族が食べる分と、近所にお裾分けするものなどを育てる。農家というよりは百姓といったほうがピッタリくる。
「1年間、埼玉県・小川町の金子美登さん（P234参照）の『霜里農場』での研修を終えて独立した時も、作物を作って生計を立てるっていう道を選ぼうとは考えなかったです。最初からその道では考えていなかった。
　やっぱり農業だけで専業でやっていくことの大変さも学んだし、自分たちはパーマカルチャーがベースにあったから、作物を育てるのはあくまでも一部だったんですね。パーマカルチャーの暮らし方にすごく興味があったし、全体としてやっていきたいと思っていました」
　パーマカルチャーとは、パーマネント（永続性）と農業（アグリカルチャー）、文化（カルチャー）を組み合わせた造語で、1970年代に、オーストラリアで、ビル・モリソン、デイヴィッド・ホルムグレンらが提唱した『永続性の高い循環型農業をもとに、人と自然がともに豊かになるような関係を築いていくためのデザイン』のことである。わかりやすくいえば、食べ物も、家も、周辺の環境も、すべて自分たち自身の手で、自然環境に負荷をかけないような暮らし方を一から作るオルタナティブなライフスタイルともいえるだろう。そしてそれは同時に、長い時間をかけて人間が育ん

できた「伝統」という叡智への回帰でもある。
「大学生の時、パーマカルチャーの創始者のビル・モリソンが書いた『パーマカルチャー――農的暮らしの永久デザイン』という本と出会ったんです。今でもはっきり覚えてます。自分の求めていたものに対する答えが全部載っている気がしました。もう雷が落ちてきたようなすごい衝撃で。『見つけた！』って感じでしたね」
　パーマカルチャーとの出会いは、天野さんの人生における指標となった。それは後述するとして、まずは幼少期のころの話を聞こう。
「脱サラした父がこの近くのペンションの管理人をすることになって、2歳のころに引っ越してきたんです。天然のツツジが群生するすごくきれいな岩嶽山って山があるんですけど、その麓に住ん

でいて、4キロ先までほかの家はない、360度自然に囲まれた暮らしでした。遊ぶのは川や山の中です。あの環境が好きでしたね」

後に浜松の大学に進学してから友人を実家に連れて行くと、深い自然を前に「どこまで行くの」と驚く友人たちを見て嬉しくなった。自分が暮らしていた場所を誇りに思った。

一方、街の生活にはあまりなじめなかった。

「高校は磐田市の高校で、それまで1学年が36人くらいだったのが、いきなり1学年500人ぐらいいて、クラスという概念すらわからなかった。それと、毎朝、道ゆく人に挨拶しながら登校してたんですが、挨拶された方はなんか不愉快っていうか怪しそうな顔してこっちを見るんです。『街は挨拶はしないんだな』と最初、すごく思ったことをよく覚えています」

高校は野球漬けで、殴る蹴るは当たり前の鬼監督。実家に帰ってこられるのも年に1、2回しかなかった。

「帰ってくるとものすごいリラックスして、畳にごろんと寝っ転がると、疲れも緊張も畳が全部吸い取ってくれるように感じました。実家に戻ると精氣が入ってくるというか、疲労してたものが満たされていくような感じでした」

大学では文化人類学を専攻した。未知なる世界を訪れ、自分の目や耳を駆使してフィールドワークする学問である。誰もしたことがないことがしたくて、アフリカを歩き回った。

「南アフリカのケープタウンに着いたら、テーブ

ルマウンテンって平たい高山があって、その隣にデビルズピークとライオンズヘッドっていう山があるんですけど、その景色を見た時、なんかね、血が騒ぐというか。どうしてなのかはわからないんですけど、自分がすごく変わったような、もう内臓の中から全部が生まれ変わったみたいなエネルギーが湧きあふれてきた。目覚めたんです。そこから自分自身が大きく変わった。ガラッと。自分の感性が目覚めて、完全に自分の足で歩き始めた」

幼少の頃、自然の中で育ち、無意識下で細胞の隅々まで行き渡っていた自然のスピリットが、広大なアフリカの圧倒的な自然のエネルギーによって呼び覚まされたのかもしれない。

当初はケープタウンの語学学校に通うつもりだったが、現地の人や暮らしに触れることなく、毎日パーティーのような享楽的な生活をしている語学生たちを見て、早々に見切りをつけた。自分はアフリカの自然と人々の暮らしを自分の目で見よう、と思った。南アフリカを回ると、旅はさらにアフリカの奥地のタンザニア、ナミビア、ボツワナへと続いた。

「大地の力、自然とそこで暮らす人たちの力を見ていくうちに、だんだんと『本当の豊かさとは何か』と考えるようになりました。僕が出会った人たちは、心がきれいだった。そして、毎日をとても楽しんで過ごしていた。日本人みたいに、先のことを考えていろんな不安を作り出すような人はいなかった。それがとても豊かだと思いました。そして、この豊かな暮らしがなんで日本にはないんだろう。どこで日本はこの豊かさを失ったんだろうなって」

帰国して大学に戻るが、目覚めた自分は以前仲良くしていた同級生たちとも話が合わなくなっていた。その代わり、それまでは漫画ですら読むのが億劫だったのに、むさぼるように本を読むようになった。そのとき出会ったのがパーマカルチャーの本だったのだ。

「その本の中には、持続可能な暮らし方とか、自

分が求めていた『これだ』と思える答えが全部
載っていると思いました。頭の中で、点でしかな
かった考えのようなものが、パーマカルチャーと
して全部つながっていて、さらにそこには自分は
考えもしなかったようなことがすでに体系化され
て、実践もされていたんです」

　オーストラリアへ行こうと思ったが、金がない。
なら就職してお金を貯めよう。迷いはなかった。
自分の向かう先に向かって走り始めた。

　鉄鋼貿易の会社に就職して初めて上京した。初
出社の日。初めての満員電車に耐えられず、途中
の駅で降りてあまりの気持ち悪さに吐いた。同期
では気の合う仲間に恵まれたが、世界各国の鉄を
かき集めて産業化する鉄鋼業自体が、完全に持続
不可能だと思った。

「地球の限りある資源を使い続けている。たとえ
ば目の前にケーキがあるとして、そのケーキは
ずっと食べ続けたらいつかなくなりますよね。今
は、その瞬間の現実がずっと続いていくと思って
いて、その前提で世の中が回ってる」

　アフリカでの体験やパーマカルチャーが実践し
ている世界とは対極の社会。それでも貯金のため
に働いた。しかし、素敵な出会いもあった。2年
先輩の女性と恋に落ちた。彼女も会社勤めの暮ら
しをやめようと考えていた。

「ふたりで一緒にオーストラリアに行こう、って
なって。貯金が貯まったので会社を辞めて。その
数日後に結婚式を挙げて、そのままオーストラリ
アに行きました」

　オルベリーにある、職業訓練学校としてパーマ
カルチャーを教えている学校へ入学した。それま
で作物を育てたことはなかった。頭の中にはたく
さんの知識や情報は入っていたが、地に足をつけ
て学ぶ、初めての体験が始まった。

「自分で作物を育てるって行為自体が初めてでし
た。種をまけば発芽して、収穫できるというそう
いう本当に第一歩からの出発点でした。

　だいこんやかぶやにんじんとか。ひとつひとつ
の体験がすべて新鮮でした。そして、自分で育て
たものが食べられるっていうのは、こんなに幸せ
なことなんだって。その幸せをすごい噛みしめて」

　天野さんをオーストラリアに導いてくれた本を
書いた創始者の一人、デイヴィット・ホルムグレ
ンとも出会い、しばらく一緒に暮らさせてもらっ
た。出会いが出会いを導くように、たくさんの素
晴らしい出会いに恵まれた。中でも忘れられない
のは、山羊飼いのトーマスさんだ。

「40頭くらいのヤギを飼っていて、乳搾りして、
野良仕事して、水・木・金は自分でパンの仕込み
をして、週末のマーケットで販売をして生計を立
てていました。トーマスの暮らしぶりがすごい好
きでした。

　トーマスさんが住んでいた場所も、自分が子ど
ものころに住んでいた山の中の風景とものすごく
似ていたし、お金的にもかつかつじゃなくて、お
金持ってってわけでもないけど、ある程度余裕があ
る暮らしをしていた。だから、想像力が生み出さ
れるぐらいのゆとりがあるんですよね。想像力が

生まれないぐらい疲弊しちゃうと、やっぱり本来の、なんていうかな、その人の持っている能力とか使命とかに気づけず、自分本来の仕事ができなくなっちゃうじゃないですか。想像力が湧くようになると、今度は創造力がついてくるんですね」

　毎日毎日の新しい体験。その体験は、新しい好奇心を呼び起こす。体と心が求めるものに忠実に、そして貪欲に追求した。

「誰でもそうだと思うんですけど、内側に、興味関心っていう小さな種がいくつも出てくるんですよね。その興味関心を追いかけたり、なんかこれすごい面白そうだから行ってみたいなとか、この人に会ってみたいなとかっていうのが出てくると、それを行動に移す。すると、また次の種が湧いてくるじゃないですか。

　とにかくそれを繰り返していくと、別にその先がどうなるかとか、その先に何が待ってるかは考えないで、とにかく一つ一つ丁寧にやっていくことで、自分の好奇心とか興味関心がさらに明確になって、自分はこういうご縁に導かれているなっていうのがわかるようになってくるんです。自分自身を感じる感覚が研ぎ澄まされていくんですよね」

　天野さんの内側から湧き出した小さな種は、「観察」することだった。

「オーストラリアには合計1年半いたんですけど、とにかく観察をすることにすごく時間を費やしてたんですよ。畑だけじゃなくて、農場のまわりの自然環境とか森の中に歩きに行ったりとか、流れている小川のほとりをずっと一日中歩いてたりとか、一日中動物見てたりだとか。

　そういうふうに観察することで、どういうふうに自然はひとつのものとして働いてるのか、どういう機能を互いに持ち合ったり、作用しながら働いているのかがわかる。たとえば、豚を飼うということも、その土地や土にどういう影響を与えるのか、豚の行動が、たとえば草を刺激して、草を大きく生やすとか、地面を掘り上げてくれることで通気性がよくなって、牧草がすごくたくさん生えてくるとか、種類が変わるとか。それぞれの生き物の持っている機能と、それをトータル的に見たときのつながりの生態系というものの観察をすごいしてましたね」

　アフリカで出会った「本当の豊かさとは何か」という自分への問いに、オーストラリアでの生活はたくさんのヒントを与えてくれた。

「豊かな暮らしとか持続可能な暮らしというのは、自然の与えてくれる余剰で暮らしていくことだと思いました。自然の本来の、絶対的に100%の資産というか、資源ですよね。たとえば鉱物とか鉄鉱石とか石炭なんてまさにそうだと思うんですけど、非常に長い時間をかけて地球が作り出すものですよね。そういうものにはなるべく手をつけない方がいいと思います。

　人間ってわずか30センチの土壌を耕し、それで食べてるんで、もう本当に薄皮1枚ってごくわずかなところで暮らしてる。でも、本当にそのごくわずかの地表面だけで、本当はあり余るほどの作物もとれる。それが地球という生き物全体が周期性をもって生み出してくれる余剰です。この余剰を生み出してくれる大元の資源に手をつけはじめると、バランスが崩れてくる。

　水の働きとか、空気の働きや光の働き。それに植物の働きや微生物の働きがあって、そこに人が

暮らしながら手を加えることで、余剰を生み出す
サイクルを早めたり、より多様にすることができる。

　その余剰で生きられる世の中、暮らし方と社会
のあり方であれば、すべてのことがスムーズに無
駄なくよどみなく進む。ところが、今の世の中が
根本的におかしくなっちゃうのは、その100％の
手をつけてはいけないところに、手を出している
から。僕たちは地球の生み出してくれる余剰の中
でうまくやっていく必要があるし、実際充分にや
れるんです。それだけの環境、智恵、技術などは
十分出そろっている。あとはそれらの道具を使う
人間の"意識"の問題です」

　天野さんが、販売するために作物を育てない理
由がここにある。
「有機農業というと、環境に優しいとか、体に優
しいようなものに見えるけど、実際は余剰で暮ら
せる範囲を大きく離れてしまっているようなやり
方のところもあるし、オーガニック自体がビジネ
スになってきている側面もあると思います。自分
はそうじゃなくて、もっと小さな規模で、拡大拡
散していくんじゃなくて、縮小収縮していく動き
の中で村や町といった地域単位でそれを根づかせ
ていきたい。それが本来、水や空氣が行う仕事の
やり方なんですよね。つまりは理に適うと言いま
すか、無理のないやり方だと思うんですね」
「本当の豊かさ」を手に入れるためのレッスンは
終了し、オーストラリアでの生活がおなかいっぱ
いになった。日本に戻ることにした。
「自分自身の手で、日本で実践したくなったんで
す。1年の研修を終えて、あちこち移住先を探し
たんですけど、住みたい場所がなかったんです。
それで、やっぱり春野町かなと思って、でも父親
もペンションはやめていたので、探していたら最
初に住んでいた土地に出会って。ボロボロの廃屋
が残ってたんですけど、中を見たら不思議と『い
いじゃん』って思えて。ごみを片付けて、風呂を
作ってとか。そこから、本当に自分たちの場所と
して、自分たちの手で一から暮らしを作り始めま
した」

　廃屋を改装し、田畑を借り受けて耕しながら暮
らしていると、今度は導かれるように今住んでい
る家や土地に出会った。そこが本当にこういう場
所に住みたいと思っていた場所で、そこで一生の
暮らしを育もうと決心した。築百数十年の古民家
を一から自分たちで改修・新築することを決めた。
解体された古民家の梁や柱をもらい受け、コツコ
ツコツコツ納得いくまで時間をかけて作った。藪
を開き、自給的で循環型な農園づくりも始まった。
「耕すことって悪いことじゃないし、程度の問題
だと思います。耕すことで作業しやすくなったり、
耕さないで草をずっと敷き詰めていくと草が生え
なくなってきたりだとか、土がどんどんだんだん
時間をかけて肥えてくる。概念に縛られず、その
場の状況に合わせて時と場合でいろいろ組み合わ
せ、そこに自分たちから出る排泄物も複合発酵し
て戻し、最終的には自分のやることが減っていく
方向で畑をやってます。

　自然の本来の働き方とか理（ことわり）とか、
やっぱりそれに逆らうことをするとすごく疲れる
んですよ。それに従うように動けば、あとは自然

がやってくれるんですよね。

　今の人間って、1年で結果を出そうとか、会社も全部1年単位の業績じゃないですか。その1年の時間って、自然の一年草にとっては、ただただ1サイクルでしかないし、多年草だとか果樹とかだってやっぱり2年、3年してやっと実をつけて、10年とか経ってきた時に生産量が上がってくるんです。

　自然のリズムに合わせた時間に、自分たちの仕事の仕方だとか評価だとか、結果の出し方や価値観を沿わせていけば、余剰の中で社会全体が回っていけるようになると思うんです」

　時間をかけて、自分たちの理想とした暮らしが形になってきた。こんな暮らし方もあるんだということを知ってもらいたいな、とも思う。

「百姓もやってるし、動物も飼って、林業もやってる。小さな規模での造園土木っていうのもずっとやってきたし、薪とかの燃料なんかも自分のところで作ってるし、家もセルフビルドでやってる。いろんなことをD.I.Y.で自分でやることによって丸ごと楽しめるっていうか、丸ごとつながりがわかったっていうそういう感じはあると思いますね。

　でも、これは自分だからしかできないんじゃなくて、誰でも本来備えている感覚であって、誰でもそれを目覚めさせることができるし、どんな生い立ちだとか、今住んでいる環境だとか、どんなことがあってもみんなこれは持っていることなんです。自分にとっては、ただこういうやり方だったというだけです。

　しかもそれぞれの特徴で、それぞれの感性と個性でそれを目覚めさせることができるから、本当に多様なんですよね。その感性が目覚めた状態のその人の持ってる能力っていうか、それを開花させていくためには、たくさん植物に触れたり、たくさん自然の働きの中で自分が体を動かすこと。そして、やったことに対する結果や反応をちゃんと見て、もう一回やってみてというその反復をとにかくやりまくるっていう。

　一つ一つ丁寧にそれをやることが、感性を目覚めさせる一番の近道なんじゃないかなと思うんですよね。あと、いいもの食べていい水を飲むっていうか、自分の糧になるものをちゃんと体に入れること。それがあると、心と体のバランスと感性を磨く作業ができてくるんで、かなり人生が変わってくると思います」

　アメリカやヨーロッパでは、都市に暮らす人たちが街のあちこちに大型のプランターなどを作って、みんなで食べたい野菜を育てる、アーバン・ファーミングのコミュニティ活動が盛んになっている。都会だから農的な暮らしができないわけではない。

「地球や自然をひとつの働き、ひとつの生命体としてみる視点を持つ人がまだ少ないと思います。身の回りにあるもので暮らせるやり方とか、自分で何かを作ってみるということをちょっとやるだけで、人間ってすごい感度を持っているんで、閉ざされていたそういう感覚が、どんどん蘇ってくるんです。感覚が鋭くなると、今度は目に見えない世界のことがわかるようになってくる。目に見えたり触れるものはこの世のほんの一部で、本当はもっと大きな存在がある。それを日本人は古くから神話や伝統の中で伝えてきました。目に見えない世界とのつながりがわかると、迷いがなくなります。これは百姓を通して誰でも学べることだと思います」

大島 和行　大島農園 ｜ 栃木県 塩谷町（ > P.78 ）

野菜も米も土もありのままで、自然に生きる。

「SDGsって、昔から有機農家が取り組んできたことと似ている気がします」

田んぼへ向かう車の中で、大島さんが言った。そのひとことで、大島さんの農業に対する姿勢、考え方が伝わってきた。

栃木県・塩谷町。この町で、大島和行さんは生まれ育った。一面の田んぼの中を軽トラで走っていく。どの田んぼも畔（あぜ）に草が生えていない。農業を知らない人から見たら、きれいに手入れされているように見えるその風景は、農薬や除草剤を使って草や生き物を排除したにすぎない。

「このあたりでは、まだまだ無農薬で農業をする人は少ないんです」

大島さんの田んぼに着いた。明らかに周囲の田んぼとは様子が違う。

「この田んぼは、まわりに広い溝を切って、そこがビオトープのようになっているんです」

そう言われて、覗き込むと、確かに田んぼと土の壁一枚隔てた隣には、きれいな水の中で、オタマジャクシや昆虫、水草などいろいろな生き物たちが棲んでいるのが見える。この田んぼはまぎれもなく生きている、そう思った。

「こういうふうに、まわりを慣行農法でやってる田んぼの真ん中で無農薬で米を育てるのってすごい大事だと思うんです。目立つじゃないですか。いろんな人の目に入りますよね。これを見て、有機農業に興味を持ったり、始めてくれる人が増えたらいいなと思うんです」

この田んぼは、大島さんからの無言のメッセージなのだ。

「僕らよりずっと前から有機農業に取り組んできた先輩方は、農業自体もそうですけど、社会に対してもメッセージを出していましたよね。

僕はすべてのジャンルの音楽が好きなんですけど、忌野清志郎とか、メッセージ性の強い音楽にも影響を受けました。ただ、言葉で『反原発』とか言うんじゃなくて、オーガニックなものを作ること自体が農家のメッセージだと思うんです」

絵を描くのが好きな母親の影響で、大島さんも子どもの頃から絵を描いたり工作をするのが好きだった。いろいろと手作りしてくれる母は大島さんの服も作ってくれた。そんな母の姿を見て、大島さんもだんだんと服が好きになり、高校を卒業すると文化服装学院に進学した。

「服が好きで文化に入ったんですけど、同時に音楽もどんどん好きになって。友達とライブとかによく行ってました。あの体験が大きかったですね。カルチャーショックを受けました」

山の中のキャンプ場などで開かれていたパーティでは、夜通し鳴り響くビートに酔いしれた。

「普段の生活では会えないような、年代も職種もまったく違ういろんな人が集う音楽のイベントに通ううちに、それまで服で着飾っていた自分が表面だけを見てる人間だったんだなって。服なんて、似合ってれば何を着てたっていいじゃんって。人生観変わりました。自然の中での音楽体験から、環境のこととかも意識するようになった」

少しでも自然に近い仕事がしたいと思い、花の生産農家で働いたり、造園業をしたり、花屋で働いたりしたのだが、どれもしっくりこない。本能の赴くまま、アルバイトをしてお金を貯めては旅に出るようになった。

「インドへの旅が大きかったです」

ブッダのゆかりの地を巡り、ビートルズも修行に訪れたアシュラムでヨーガを学んだり、マザー・テレサの施設でボランティアなどをした。日々の食事はベジタリアンフード。

「瞑想したり、慈善活動をしたりとそれまで日本ではしなかった体験と体を考えた食事。そうして過ごしていたら、ある時、農家、それも無農薬で農家をやることが、音楽だったり、自然を求める気持ちだったり、今までやってきたこと全部がつながって、全部が表現できるんじゃないかと思ったんです」

帰国すると、以前、嬬恋(つまごい)のキャベツ農家にアルバイトに行った時に出会った、実家が有機農業をしていると言っていた友人を思い出

し、思い切って訪ねてみた。

「人生初めての有機農家さんとの対面だったので、何を質問していいのかすらわからなかったです。ただ、そのお宅で実践していたライフスタイルが、何ていうのか『無農薬で作物を育てるってことはライフスタイルなんだ』ってことを教えてくれました。

たとえば、洗濯にも洗剤は使わないし、ごみや人の排泄物まで堆肥化して循環していましたし、生活の隅々まで気を配っていたんです。僕もこういう暮らしがしたいと思いました」

そんな時、地元に汚染された土の処分場ができると聞き、自分の故郷を守りたいと思った。そのために、地元で無農薬で農業をやろうと決めた。

「野菜とお米を出荷していますが、今の季節だったら、なすやピーマン、トマトやにんじん、葉物とか10品目を詰め合わせた野菜セットの宅配をしています。最初に買ってくれたのは、文化時代の友達とかが多かったです」

学校を卒業してファッション業界で働く友人たちからは「最先端なことしてるね」と言われることもある。自分としてはそんな意識はまったくなくて、無農薬とか有機農業に関心がない友人たちにこそ、自分の野菜やお米を食べてほしいと思っている。

「オーガニック関係の集まりって、専門家を呼んで、興味がある人だけが集まりますよね。僕は、そうじゃなくて、服飾系とかの全然関係ない人たちにこそ知ってもらいたいし、食べてもらいたい

んです。それで、ハッとなるってほうが意義が大きいと思うんです」

そんな思いから、自然食品店だけでなく、アパレルショップなどにも、野菜や米を卸したいと言う。インスタグラムでの発信もそんな異業種の方たちなどへも向けていると言う。

「普段、農業と関わりのない人たちにも届けたいんです。広げたいんです」

去年、ファッション業界の友人が、友達を連れて稲刈りの手伝いに来てくれた。

「その時、うちの玄米餅を気に入ってくれてお土産に持ち帰ってくれたら、その奥さんが『美味しい』ととても喜んでくれて、SNSで発信してくれたんです。そうしたら、ものすごい問い合わせがきました」

「普段、農業と関わりのない人たちに届けたい」との願いが通じたような嬉しいできごとだった。

「都会にいる若い人たちや、これまで食や環境に

興味がなかった人たちにも、作物にメッセージを託して伝えていきたいし、遊びに来てもらって、僕らの生活も知ってもらえたらな、と思ってます。

いろいろな人と関われて話をすることができるのが楽しいですし、異業種だからこそ、パッションを受けるし、それをまた農業や自分の生活にも生かせるんです。まずは、自分ひとりでもこれを続けていくことが大事で、それをやり続けてつなげていくしかないと思いますね」

ここ数年は、野菜から米をメインに据えるようになった。

「最初は、米は自給用くらいに考えていたんですけど、どんどん思い入れが強くなってきました。それと、米って、田植えにしても稲刈りにしても大イベントですよね。そういうのが楽しい」

自分で農家をやるようになって、幼かった頃に、実家の田んぼで田植えや収穫があると親戚一同が手伝いに集まってきたことを思い出した。

「田植えが全部終わるとお赤飯を炊くんです。さなぶりっていうんですけど、そのお赤飯で神様にお祝いするんです。親戚も集まるし、お祭りみたいでワクワクしたんですよね」

育てる米はササニシキ。あっさりして糖分が少ない。体に優しく、毎日食べるなら和食に合うササニシキが断然いいと言う。

「今、子どもがふたりいるんですけど、ちゃんとしたもの、というか当たり前のものを食べさせたいと思っています。

たとえば調味料も、オーガニックで無添加のものって、少し値段も高いですよね。醤油とかもそう。だけど、きちんとした原料の調味料は味があるので、ほんの少し使うだけで十分美味しいので、結局は経済的にも同じなんです。日ごろからきちんとしたものを食べていれば、体を壊して病院の世話になることもないですよね。添加物や味の濃いものを食べ続けると味覚がおかしくなっちゃうと思うんです。とくに子どもは、感受性が高い時期です。安全な物はもちろんのこと、体の感性を良くするためにも、添加された味よりも素材その

ものの味を食べさせることが大事だと思います。環境を意識して、という意味ももちろんあるんですけど、きちんとした食べ物を食べさせていくことで、子どもたちが本来持っている、本当の能力を出せるようにしてあげたいんです」

　本当の能力を引き出す。これは、そのまま大島さんの農業に対する姿勢に通じる。

「確かにそうですね。野菜も米も土もありのままでいれば、本来の力を出してくれるんです」

　この言葉を聞いて、車の中で聞いた、「SDGsって、昔から有機農家が取り組んできたことと似ている気がします」という言葉とつながった。

「世の中が体や環境を考えて、オーガニックが広がることはとても嬉しいことですが、コンビニに行くと、確かにプラスチックのストローってなくなりましたけど、そのストローの代わりにまた別のものをプラスチックで作ってますよね。

　食品でも、たとえば〇〇無添加って書いてある食品が増えましたけど、その代わりに〇〇以外の添加物がすごくいっぱい入ってる。体や環境に良い雰囲気を出して商品を売ったり会社のイメージを良くする。

　オーガニックのイメージを利用した表面だけのそういうごまかしというか、そういうやり方がこれからどんどん増えてくるような気がするんです。農家もそうだと思います」

　確かに、農薬の回数を減らし、減農薬を謳っている裏で、実は強い農薬を使っている農家だっているかもしれない。

「だから、農家は野菜を作っておしまいじゃないと思います。僕が初めて訪ねた有機農家さんの暮らしを見てすごく影響を受けたように、僕自身の暮らしも、誰かの気づきや役に立てるようなものになりたいと思っています」

　つい最近、地元の子どもたちを招いて田植えをした。機械を使わずに、手で苗を1ずつ植えた。

「子どもたちに、それも自分の子どもたち世代だけじゃなくて、その次の子どもたちへも、ここの土地、生き物、環境を残してあげたいんです」

　ご自宅へお邪魔すると、自然素材の家具や手芸が得意の奥さんが子どもたちに作ってあげた服や、大島さんが農作業で破いてしまった作業着が布を当ててリメイクされている。

「自分たちの暮らし自体も、農家をやるぞと思ってから、コツコツ自分たち自身で作って、積み上げてきてる感覚です。でも、これが当たり前のことだと思うんですよね。

　無農薬の農家であるってことは、生活自体も環境に負荷をかけないでいることだとも思ってます。こういうこと全体を知ってもらいたい。それが、僕が農業をやり続けていく意義です。

　ただ、それをやり切るためには、まだまだ、僕自身が、僕自身の本当の能力を引き出せるようにならないとですね（笑）」

　米を作り始めて5年。

「まだ、たった5回しか作ってないのでまだまだ勉強不足、経験不足ではあります。それでも、自分自身が当事者でいて、やましさのない仕事をしていると、本当に清々しい。これからも農家として根を張っていこうと思ってます」

村田 謙虚　千葉県 木更津市（> P.24 ）

7代先の子孫にまで届けたいのは、
生きる力にあふれた200年前の食卓。

農家にとって、最も大切なもの。それは土だ。

『SHARE THE LOVE for JAPAN』が、東日本大震災と福島原発の事故によって、移住を余儀なくされた農家さんたちへの支援を目的として立ち上げたプロジェクトであることは既に述べたが、その理由は、まさにここにある。

とりわけ「大地にやさしい農業」を実践する農家にとっては、土は何ものにも代えられない存在だ。なぜなら、農薬や化学肥料を使わずに作物を育てるということは、いかに土を健康で肥沃にするかにかかってくるからで、土が育たなければ、作物も育て上げることができないからだ。

そのために、ある農家は、畑に生えてくる草をひたすら抜いてはそれを積み上げ土に還すことで土に栄養を戻すし、ある農家は、緑肥を育て、刈り取り、畑にすきこむことで土の中の腐食を増やし、土を健康に保つ。こうして、どの農家も、それぞれの農家によってやり方は異なるが、長い年月をかけて懸命に土を育てる。これを土づくりという。土づくりとは一朝一夕でできるものではない。

だから、東日本大震災が起きたことで、手塩にかけて育てた土から離れ、新たな土地へ移住せざるを得なくなった農家さんたちを支援するプロジェクトを立ち上げたのだ。

村田謙虚さんは、『SHARE THE LOVE for JAPAN』が立ち上がった当初から参加してくれ

た農家のひとりだ。岩手の陸前高田から、大分の国東（くにさき）へ。果樹農家から、米農家へ。育てる作物も、環境もまったく異なる土地で、村田さんは目覚ましい活躍を続けた。詳細は後述するが、村田さんが国東で残した結果は素晴らしいものだった。

ところが。2021年。村田さんは、農家にとって最も大切な土、それも9年間もの長い時間をかけて、国内では珍しい、自然栽培での米作りを広

げてきた田んぼの土から、離れた。一体何があったのだろう。

「岩手の陸前高田から、震災を契機に大分の国東に移住して９年になりますが、今年、その国東を離れて、千葉県の木更津市で米作りをすることを決意しました。僕らが新しく借りる田んぼは、耕作放棄された田んぼです。そこから、また、一から。というか、土をつくりはじめるところからになるから、マイナスからのスタートとも言えますね」

　農家にとって、最も大切なはずの土から離れてでも成し遂げたいことは何なのだろう。まずは、村田さんが農家になったきっかけから話を聞いていこう。

　村田さんは1977年、東京の江戸川区に生まれ、小学校からは埼玉県の三芳町で過ごした。小学校の教諭の両親の元で育った。独立心の強い子どもだった。高校を卒業すると、仲間たちと起業し、生計を立てていた。転機となったのは、海外への旅だった。

「世界を自分の目で見たい」と思い、バックパッカーをしてアジアからヨーロッパへと旅をして回った。だが、バックパッカーの旅を続けるには資金がいる。資金が底をつくと、現地でアルバイトをしながら旅を続けた。観光ビザでも受け入れてくれるのは、農家が多かった。

「フランスにいた時は、ぶどう農家さんに世話になってワイン作ってました。農家さんのところの食事がオーガニックで。それを食べていると、アトピーもおさまって、体調がめちゃくちゃ良くなったんですよね。その頃からですね。食べるものでこんなに体調が変わるんだなって実感したのは。それで、日本に戻ったら、自分で食べるものは自分で作ろうって思うようになったんです」

　世界を旅して帰国すると、両親を訪ねた。

「先生っていう仕事を一生懸命やって、僕たち兄弟を育ててくれて、埼玉に家まで買って。思い返したら『あ、親としてやってくれてたんだな』って、改めて感謝の気持ちを持てた」

　両親への思いとは別にもうひとつ湧き上がる思いがあった。それが農家になろうという思いだった。思いついたら行動は早い。

「海外での経験があったので、自分としては有機農業をやろうと思っていました。でも、有機農業をするなら真反対のことも知っておくべきだろうと思って。すごく農薬を使うことで知られている産地へ研修生として入ったんです。

　そこで農薬を使い続けている農家さんが全身ケロイドみたいになっている姿を見て、農薬のことをきちんと知っておかないとと思い、農薬使用管理アドバイザーの資格まで取りました」

　２年間の研修を終えた。どこで農家として独立するかと考えていた時、両親が退職後は田舎暮らしがしたいと言っていたので、だったら一緒に移住しようという話になり、岩手県の陸前高田へ、まだ少し在職期間が残っていた父を残して母と祖母と移住した。村田さんは29歳になっていた。

「陸前高田ではりんごをメインに育ててました。りんごは無農薬での栽培が本当に難しいので、少しずつ農薬の濃度や使う回数を減らしていって。４年目かな。やっと今年から無農薬でできるなって実感を持てた時に、東日本大震災が来て、畑が全部流されたんです」

「自分の食べ物を作りたい」と思ってから、独学で懸命に知識や技術を習得した。有機物を入れれば無農薬で育てられるだろうと、大量の籾殻を入れすぎて、トマトのハウスを全滅させたりもした。それでも、この土地でずっと農家でやっていこう

と思っていた。それが一瞬で消えた。

「あの時は、もう茫然自失ですよ。すべてが一瞬でなくなって。すぐに『じゃあ別の土地でまた農業やろう！』って思えないですよね。

移住するってことは、また全部初めからじゃないですか。地元の人たちとの人間関係から、土づくりからまたゼロからです。陸前高田でやっていた時と同じモチベーション、同じ情熱で農業をやれるのか。そこをいちばん悩みました」

幸いなことに、村田さんの農業に対する姿勢や思いに共感してくれた人たちから、いろんな誘いがあった。そんな中で、大分県・国東市からの話に心が動いた。

「『自分が思うような農業を好きにやっていいよ、って。ただ、水田地帯だから、お米作りになるけど』って誘われて。それまで米を作ったことなんてないですよ。でも、じゃあ、自分のようなアトピーや、そのほかにも食物アレルギーで苦しんでる人たちでも食べられるような、自然栽培での米作りをしようと思ったんです」

村田さんは、子どもの頃からのアトピー性皮膚炎がコンプレックスだった。

「掻くからグジュグジュになるし、恥ずかしいじゃないですか。肘から首から全身ですもん。めっちゃコンプレックスでした。

だから、アトピーでもそれ以外のアレルギーでも辛さはよくわかるので、そんな人たちでも安心して、喜んで食べてもらえる米を作ろうと思ったんです」

ところが、移住先の国東で有機農業をしている人はいなかった。だから、最初に公民館で地元の農家に集まってもらい、自分がやろうとしている農業について話をさせてもらった。

「もう非難ごうごうですよ。『米を作ったことがない人間が何言うとんじゃ』、『おまえのとこから虫や病気が出たらどうすんじゃ』って。そりゃそうですよね。なにも言い返せないですよ。米をやったことがないですから」

1年目はまったくダメだった。2年目は、誰よりも田んぼに出ようと思って、朝の4時から夜の8時まで田んぼを駆けずり回った。そうしたら、3年目になって、田んぼが2町から5町に増えた。地元から認めてもらえるようになった。

「2年目に、地域一帯の田んぼがウンカといもち病で大被害にあったんです。ところが、自然栽培でやっているうちの田んぼだけは一枚も被害が出なかった。あれくらいから、認めてもらったんでしょうね」

ところで、新規で米農家になろうと思ったとすると、いったいどれくらいの資金が必要になるのか知っている人はいるだろうか。トラクター、田植え機、稲刈り機、米の乾燥機や貯蔵するための保冷庫などなど、数千万円もの設備投資が必要になる。村田さんは、それだけの設備投資をして米農家でいることを選択した。だから、死に物狂いだった。正面から稲作に向き合った。

「米も完全に独学ですよ。本を読んで、いろんな講演会に行って。でも、そういうところで身につけた知識って、結局役に立たないんです。比較と依存をやめないと。

うまく行っている人と比較して、その人のやり方や意見に依存しても、結局はそれぞれの環境も違うじゃないですか。

うまくいかなかった時、なぜだめだったのか。そこをしっかり掘っていかないと。だから僕自身、比較と依存をやめて、自分の土と向き合う。自分の田んぼに生えている草と向き合う。自分の田んぼと向き合う。これを始めてから、少しずつ

良くなっていったんですよ」

　米農家になって4年が経っていた。最初2町から始めた田んぼは12町にまで増えていた。陸前高田で農家をしている時に知り合って結婚した奥さんと夫婦ふたりで懸命に米を育てた。注文は全国から、そして海外からも入った。

　この広さは並大抵の人間にできる面積ではない。それを可能にしたのは、村田さんが多くの失敗の経験から独自に編み出したたくさんの技術があったからだ。

　たとえば代掻き（しろかき）は、1回目と2回目の代掻きの間を1か月近く取る。本代掻きの翌日には田植えを行い、植えてから5日以内にはチェーン除草を行った。草を抑えるために大豆や麦の輪作を取り入れた。

　移住者ゆえに、水路の利用が思うようにできないハンデから1回の水でたっぷりと田んぼに水を入れた。普通なら冷たい水をじゃぶじゃぶと掛け流すようなやり方をしなかったことで、南アジアという暖かい気候が原産地であった稲の生育が良くなることに気がつき、深水での栽培法も確立した。余談だが、数年経って、稲作の有機農業の先駆者と話す機会があった。村田さんが独自に開発したやり方と、偉大な先駆者はほぼ同じやり方で米を育てていた。

　稲作の技術が上がり、収量も増え、味わいも格

段に良くなっていくにつれ、この米をもっと多くの人に届けるにはどうしたらいいか考え抜いた。自身のアトピーの経験もあったので、米を食べたくてもアレルギーで食べられない人に届けたいと思った。そうして、自身が育てた玄米を塩と水だけで麺にすることを思いつく。

「グルテンフリーの玄米麺ですね。『これでお米が食べられる』ってすごくたくさんのお客さんから喜ばれました」

　玄米麺は、九州のとあるビジネスコンテストでグランプリを受賞するまでになった。

　他人から見たら、すべてが順調にいっているように見えただろう。だが、村田さんの心は晴れなかった。

「まず、夫婦ふたりでこの面積を回し続けるのには限界があります。このままだったら、ふたりとも体を壊すな、っていうのがあったし。それと、僕自身、栽培技術も自分なりに確立することができるようになって、自然栽培での米作りをもっと広めていきたいと思うようになったんです。そのためには、自分自身が会いたい人、話を聞きに行きたい人もいます。新しいプロジェクトも立ち上げていきたい。でも、現実は、これだけ一生懸命やっても人を雇う余裕がないんですよね。そうなると、僕はずっと国東で田んぼに張り付いていないといけない。

　ひとつのことに満足できないんですよ。農家もたぶん2種類いると思うんです。自分でずっと土に触っていたい人と、作物を育てることだけじゃなくて、商品開発から何から何まで全部を自分でやりたい人。僕は、全部やりたいんです」

　最初は、「自分が食べるものを自分で育てたい」と思って農家になった。それが、農家という生き方をまっとうしていくうちに、新たな思いが募るようになった。

「ネイティブ・アメリカンの言葉に『7代先の子孫まで誇れる自分でいなさい』っていうのがあるんですけど、僕はその考え方が好きで。

　7代先って言ったら、何百年も先ですよね。今、

一般の企業で100年続く会社って数えるほどしかないじゃないですか。7代先まで残る事業。7代先まで残る意志。7代先まで残る農地。それを残したいんですよ」

農家として自分ができること。農家としての自分にはどんな役割があるのか。考えに考えた。そして決断した。国東を離れることにした。

「国東であの数の田んぼをふたりでやりながら、加工品もふたりで作って、営業もふたりでやって、発送もふたりでやる。もたないですよ、体が。

それに、僕は、いろんな人と関わり合って、その中で大変に思ってることを聞いていくのが、自分の仕事の種になると思っているんです。あと20年くらいしか生きられないだろうし、やりたいことをやるにはスピードが必要なんです。

農水省が2050年までに有機農業の面積を25%にまで拡大するって方針を打ち出しましたよね。野菜の畑を増やすには、農家の人口も増えないとなかなか広がらない。だけど、僕がいま考

えているやり方が実現できたら、本当に有機の田んぼを25%まで増やすことができるんです」

「7代先まで残る農地」を築くにはどうすればいいか。ずっと考え続けてきた。そして、これならできるというアイデアも練り上げていた。

「これまでも、人に『絶対できないよ』とか『絶対しないほうがいい』って言われたことしかやってこなかったですから(笑)。やればできちゃうんですよ。なんとか。

で、それができるのは、さっきも話したように、僕が比較と依存をしないからだと思うんです。

僕が『SHARE THE LOVE for JAPAN』の勉強会でも技術の話よりも、心の持ちようだったり、何のために農家をやっているのかっていう話に時間をかけるのは、見聞きした情報と違った現象が起きた時に、そこに向き合い、解決しようとする姿勢を持ってほしいからなんです。

農業には失敗も苦労も当たり前です。でも、そんな時に、講演会やネットで誰かに答えをもらったとしても、育てる作物も環境も違えばそれぞれ答えは違うじゃないですか。そうじゃなくて、どんな考え方や思いで農業をしていくのかっていう部分をしっかり持っていれば、無理だとか思われてるようなことだってできるんだよってことを伝えたいんです」

陸前高田から国東へ、そして、次なる移住先として選んだのは千葉県・木更津市だった。オーガニックシティ宣言をしていて、小学校の給食をすべて有機米にする取り組みをしている千葉県の木更津市から声がかかったのだ。まずは、それを足がかりにしていこうと決めた。

だが、村田さんは木更津だけで活動をしていこうとは考えていない。「7世代先まで残る農地を増やして残す」ためには、全国に活動の拠点を広げる必要があると考えている。

「僕の今の目標は、まず、稲作をユニット化して、20-30ヘクタールの生産拠点を全国に100か所作ることです。そうすれば3000ヘクタールの有機の田んぼが生まれる。

『なにこいつホラ吹いてるんだ』って思われるでしょうけど、自分の中ではやるんだよ、って決めてます」

振り返ってみれば、いつだって、自分の才覚と体一つで生き抜いてきた。一見途方もないアイデアのように思える構想は、積み上げてきた米農家としての大きな挑戦だと思っている。

「米農家って田植え機とかの膨大な設備投資と、代掻きや除草作業という圧倒的な作業量があるんですけど、そういう課題を全部解決できそうなアイデアがあるんです。

自然栽培の乾田直播（かんでんちょくは）というやり方です。慣行農法では除草剤とセットでやるやり方で、これを自然栽培でやってる人は誰もいない。もし、このやり方が確立できたら、肥料も農薬も使わないで、田植えもしないでお米が栽培できるようになる。

単純に言えば、乾いた田んぼに種をまいて、水を入れたら終わり。草も生えてこない。田植え機がいらなくなるし、代掻きもしなくていい。もう、麦とか豆みたいに米が作れるようになるんです。これが確立したら、そのままユニット化すればいいだけだから、3000ヘクタールだってできるんですよ」

一生農家をやっていく村田さんに、どうしてそこまで農業に夢中になれるのか聞いた。

「嘘がなくていいです。農業は。田んぼは、やったらやっただけ、やらなかったらやらなかっただけの結果が返ってくる。

人との駆け引きとかそういうのもないし。だから僕もやっていることに嘘がつけないし、嘘をつかなくていい。そういう環境に身を置けるから農業を続けていきたいんだと思います。

そうして、僕が提供したいのは200年前の食卓なんです。食物アレルギーの概念がない、生きるための食事。生きるために必要な食べ物を作る。それが農業だと思ってます」

農業に出会うことで、村田さんは自分の役割を見つけた。

農家が10人いれば、10通りのやり方がある。どれが正しいとかどれが間違っているとは簡単には言えない。なぜなら、どの農家も、「これが自分がやるべき道だ」と信じて、今日も畑や田んぼに立っているからだ。

そして、その目指す未来、描く理想が高くなればなるほど、それぞれの農家が直面する困難さはより厳しいものになる。

それでも、人類がこれまで地球の資源や環境や自然に対して行ってきたことのツケが気候変動や大規模な干ばつや自然災害を引き起こしている、こんな状況に対して立ち向かおうとする農家たちがいることをわたしたちはもっと知らなければならない。

わたしたち誰もが生きていくには、食べていかなければならない。そして、美しい地球を守り、未来へとつないでいかなければ、わたしたちは生きていくことができない。そう考えると、農家とは、わたしたちに生きる力そのものを授けてくれる存在なのだ。

最後に、土ともうひとつ、農家にとって最も大事なものを知った。それは、思いだ。さあ、今度はあなたの番だ。あなたの思いを分かち合おう。SHARE THE LOVE for JAPAN。

山極 寿一　総合地球環境学研究所所長

自然の循環する豊かさとは何か

　現在、私たちが抱えている地球環境問題の本質は、地球がどういう惑星であるかを忘れたことにある。地球は、外から太陽光というエネルギーをもらい、それを水の循環によって生命の惑星に変えてきた。最初の生命は38億年前に海で誕生した。しかし、生物が陸に上がるのは約4億年前であり、それまでに途方もない年月が費やされた。それほど、陸上は生物にとって難しい世界であったのだが、それを可能にしたのは土壌である。

　土壌は地球と生物の共同生産物である。地球を構成する岩石が土の元であるが、そこに生物の遺骸が分解されて混じり、多くの生命を育む栄養豊かな土壌となる。そして、土壌は陸上生物を養うだけでなく、川、湖、海に生息する生物をも育んでいる。それは水と大気の循環による。太陽光を受けて炭酸同化作用によってエネルギーを取り込んだ植物は、多くの虫や鳥、動物に餌を提供する。

　生物たちの遺骸は地面に落ち、それをアリやダンゴムシやミミズが分解し、粘土と混ぜ合わせて土壌を作る。それを養分として植物は根から吸収し、成長のエネルギーに変える。また、土壌に蓄積された栄養分やミネラルは雨によって流され、川を伝って湖や海に到達して水中の生物を養う。そこで育った魚や海産物が鳥や動物たちに食べられて陸上へ運ばれる。また、水中で羽化した昆虫類が風によって運ばれて陸上の生物と交流する。このような絶え間ない循環の中にそれぞれの生物の命は育まれているのである。

　私がそれを目の当たりにしたのは、アフリカの熱帯雨林でゴリラの調査をしているときだった。熱帯雨林は陸上で最も生物多様性の高い場所である。そこでは生物の新陳代謝が急速に進む。あるとき、大きなゾウの死骸を見つけた。すぐに大量のハエが群がり、卵を産み付け、それが瞬くうちに蛆虫となってゾウの肉を食べ始める。夜になるとハイエナなどの肉食動物がやってきて、死肉を食いちぎっていく。1週間もたたないうちに、あらかた骨になってしまった。ゾウの巨体ですらこの有様だから、他の動物たちもあっという間に土に変わってしまう。

　ここでは動物たちの糞も残らない。ゴリラがまだ人に馴れていない頃、ゴリラが残した糞が私たちの研究対象だった。何しろ、新しい糞は大きさを測ればその落とし主の体の大きさがわかるし、DNAを抽出して性や血縁関係を調べることもできる。割って中身を見れば、ゴリラが食べたものがわかる。ところが、ゴリラの糞にはすぐにセンチコガネという甲虫が入り込んで分解し、地中に引きずり込んでしまう。このように強力な分解者がいるので、いくら動物たちが排せつしても残らない。熱帯雨林はきわめて清潔な場所なのである。

　最初にアフリカに行ったとき、私は熱帯雨林にはたくさんの昆虫がいると思っていた。ところが、森の中をいくら歩いてもほとんど虫に出会わない。それは、虫を食べる鳥や動物がたくさんいて、特定の虫が大発生しないように抑えているからである。生物の個体数は最初はうなぎのぼりに増加するが、やがて食物が減り、捕食者に食べられて頭

打ちになる。熱帯雨林はそれが急速に起こり、それぞれの生物が増え過ぎないように、減り過ぎないように、適当なバランスが保たれている場所なのである。

しかし、その貴重な土壌が今危機にさらされている。人口が78億に達し、それぞれの家畜も10億を超えて陸上哺乳類のバイオマスの90%を占めるまでになった、それを養うための畑地と牧草地は陸上の4割を占め、生物多様性の源泉である森林は3割に急減した。しかも、畑地には化学肥料が注ぎ込まれ、遺伝子組み換え作物が栽培されて、土壌がやせ細っている。このままでは自然の循環が断ち切られ、さまざまなところで障害が起こる。今回の新型コロナウイルスによるパンデミックもその一つである。

藤井一至著『土 地球最後の謎』によれば、地球の土はたった12種類しかないという。肥沃な土の条件とは、粘土と腐植に富み、窒素、リン、ミネラルなどの栄養分に過不足なく、保水力が高いと同時に排水も通気性もいいということだ。

最も肥沃な土壌はチェルノーゼム（黒土）と呼ばれ、ロシア南部からウクライナ、カナダとアメリカにまたがる大平原に見られる。風で運ばれた砂塵に草原由来の腐植や粘土が混じり合い、バランス良く配合された中性の土壌だ。ただ、雨が少ないために生産できる作物の種類と量は限られており、主として小麦が作られている。近年は過剰利用で腐植の半分が失われ、急速な劣化が心配されている。

熱帯雨林には水が豊富で大量の生物の遺骸が土壌に供給されるが、微生物の分解能力が高いため腐植が蓄積しにくい。酸性が強く痩せた土壌となって、樹木が伐採され土が風化すると、真っ赤なラテライトと呼ばれる鉄さびの粘土が露出する。作物、とくに野菜の栽培には適さない。

日本の土の多くは黒ぼく土と呼ばれ、腐植の多い肥沃な土壌である。二酸化炭素の吸収率も高い。ただ、酸性なので作物の生育に必須なリン酸イオンを吸着してしまう欠点があるため、リン酸肥料が必要になる。

戦後、東南アジアでは品種改良や化学肥料、農薬を増加して収量を上げる「緑の革命」が実施された。たしかに、いくつかの地域では食料の増産に成功したが、土壌の力が向上したわけではない。高い収量を維持するために、ますます品種改良と肥料の大量投入が必要になって、採算がとれなくなったり、土壌の劣化が問題視されている。日本でも、土壌に一切頼らず、工場で野菜や果物を生産する栽培法が登場した。遺伝子組み換えや遺伝子編集によって作物の生産力は大きく向上している。しかし、こういった工場栽培はエネルギーや化学肥料を大量に消費し、地球環境に大きな負荷を与える。

今こそ、自然の循環を見直した農業を回復し、土壌の有機性を高め、それにあった国土づくりをしなければならない時代なのではないかと思う。

山極　寿一（やまぎわ　じゅいち）

京都大学理学部卒、理学博士。（財）日本モンキーセンターリサーチフェロウ、京都大学霊長類研究所助手、京都大学理学研究科助教授、教授、同大学理学部長、理学研究科長を経て、2020年9月まで京都大学総長を務める。日本霊長類学会会長、国際霊長類学会会長、国立大学協会会長、日本学術会議会長、内閣府総合科学技術・イノベーション会議議員を歴任。2021年4月より総合地球環境学研究所所長を務める。環境省中央環境審議会委員。鹿児島県屋久島で野生ニホンザル、アフリカ各地でゴリラの行動や生態をもとに初期人類の生活を復元し、人類に特有な社会特徴の由来を探っている。著書に『家族進化論』（東京大学出版会）、『暴力はどこからきたか』（NHKブックス）、『サル化する人間社会』（集英社）、『ゴリラからの警告』（毎日新聞出版）、『スマホを捨てたい子どもたち』（ポプラ新書）、『ゴリラに学ぶ男らしさ』（ちくま文庫）、『京大総長、ゴリラから生き方を学ぶ』（朝日選書）、『人生で大事なことはみんなゴリラから教わった』（家の光協会）など。

先駆者たち

「大地にやさしい農業」を牽引してきた先達たちとその言葉。
道を切り開き、積み重ねてきた先駆者たちの英知から学び、揺るぎない信念と豊かな知恵を受け継いでいくこと。それは、SHARE THE LOVE の精神です。

| 地球という土壌を耕す
| 日本一の米職人

遠藤 五一
山形県 高畠町

「本当に美味しいものは、身体も心も沸き立つんです」

| 離島に眠る宝を蘇らせて
| 地域を活性化する篤農家

福留 ケイ子
福留果樹園
鹿児島県 伊仙町

「有機農業というのは、やった分だけの成果が出る、努力を裏切らない正直な仕事」

| 60年かけて
| 至高の茶畑を育てた達人

北村 親二（故人）
北村製茶
長崎県 佐々町

「収穫の喜びを家族で分かち合う。それをずっとやってきた」

| 畑の土を蘇らせる
| 堆肥作りの名人

藤原 孝史
spirit
岐阜県 丹生川町

「この土地の資源を生かして堆肥を作る。それが、私の自然への敬意の表れなんです」

| 植物の力を人間の言葉で
| 代弁するハーブ栽培家

石井 智子
Japan Herb Science
神奈川県 相模原市

「植物が生き方を教えてくれる。正しい生き方を」

| 北海道の大地を守る
| 玉ねぎ農家

中村 好伸
新篠津つちから農場
北海道 新篠津村

「ひとりよがりではない、たまねぎという作品を作りたい」

| 未来につながる道を
| 後進に開く果樹農家

澤登 早苗
フルーツグロアー澤登
山梨県 牧丘町

「人間が生きる本質が、農村にあると思うんです」

| 食とエネルギーの自給と循環を
| 実践する先駆者

金子 美登
霜里農場
埼玉県 小川町

「この天地の間で、最も人間らしい生き方ができるのが農業だと思っています」

日本で初めて有機オリーブを
栽培した男

山田 典章

山田オリーブ園
香川県 小豆島

「判断に迷ったら両方やれば
いい。片方が失敗しても、技
術は身につく」

環境保全型農業で、
土を生かす自然栽培の先導者

川越 俊作

SHUN
宮崎県 宮崎市

「土作りとは、土戻し。本来
の土の姿に戻すということ。」

福島の地域再生を志す
有機農家

菅野 正寿

遊雲の里ファーム
福島県 二本松市

「有機とは人と人とのつなが
り。農業でもそれを忘れては
いけません」

有機農業という種を
蒔き続ける体現者

林 重孝

林農園
千葉県 佐倉市

「この種を次世代につなげら
れる安心感というのは、満ち
足りた感覚があるんです」

有機の地・熊本の
礎を作った男

村山 信一

熊本県 山都町

「有機農業はその人の努力次
第の農業。ひたすら畑で汗を
かけ、と言いたい」

自然農法を志す人たちの
育ての親

高橋 博

千葉県 富里市

「地球の環境を守っている、
という使命感を持った時から、
農業を守り、伝えていく人間
ができる」

宮澤賢治を敬愛する
有機稲作の先達

舘野 廣幸

舘野廣幸かえる農場
栃木県 野木町

「耕したり、草を刈ったりす
ることは、自然破壊ではなく、
人間も含めた自然を作る方法
なんじゃないかと思います」

田舎からの国づくりを目指した
伝説の有機農家

山下 一穂 （故人）

山下農園
高知県 本山町

「有機農業をみんながやるよ
うになったら、田畑から日本
は再生します」

SHARE THE LOVE for JAPAN の歩み

SHARE THE LOVE for JAPAN の活動は、2011年の東日本大震災の影響で、移住を余儀なくされた「大地にやさしい農業」に取り組む農家の方々を支援することから始まりました。そこから、新規就農者への支援、その後の成長と発展を支える活動へとつながり、現在では、参加農家の輪が全国に広がっています。

2011 – 2013　移住先でも「大地にやさしい農業」を続けたいと望む農家の方々に、作付けを依頼し、収穫した作物を買い取り、その一部を被災地の児童施設などに送る活動を続けました。

2011

2014 – 2016　震災から3年を経て、新たな土地で一から「大地にやさしい農業」を始めることがどれほど難しく、孤独な戦いであるかを目の当たりにしたわたしたちは、被災農家の支援に限らず、就農からおよそ3年程度の新規就農者を毎年、仲間として迎え入れ、活動と経験の場を提供することとしました。
また、新たなウェブサイトを開設、マガジン（小冊子）を発行し、参加農家が農業に取り組む姿を紹介しました。
2016年には、熊本地震で被災しながらも「大地にやさしい農業」に挑む農家を応援する特別号を発刊しました。

2016

2017 – 2019　新規就農者への支援を継続しながら、参加農家の皆さんが中心になって企画、運営する研修会や交流会といった「成長と発展のためのプログラム」を充実させることで、活動の軸が「挑戦する機会の提供」へと移っていきました。
フラットで顔の見える仲間づくりをテーマに、共通の価値観でつながるネットワークが広がりました。

2017

2020 – 現在　参加型プラットフォームとして構築してきた「成長と発展のためのプログラム」を基盤に、農家の皆さんそれぞれの経験や学び、課題を共有し、自身の活動に生かしていけるような仕組みづくりが進んでいます。
2021年は、活動10年目の年。わたしたちの取り組みや考えをより広く伝え、理解・共感の輪を少しずつ広げていきたいと考えています。農家中心で「役立つ、機能するコミュニティ」としてより開かれた存在になることを目指しています。

2020

TRUE SPIRIT
TOBACCO COMPANY

この活動は、わたしたちが運営しています。

「大地にやさしい農業」を応援する SHARE THE LOVE for JAPAN は、株式会社トゥルースピリットタバコカンパニーが運営しています。
わたしたちは、世界で初めてオーガニックタバコの量産を目指して農家と直接契約を始めた企業の志を受け継いで、ナチュラルなタバコ製品の販促活動を行っています。
このように農業と深く関わってきたわたしたちは "大地に責任を持つこと" を理念としており、SHARE THE LOVE for JAPAN を通して、豊かな大地が次世代に引き継がれていくことを支援してまいります。

あとがき

「大地に負担をかけず自然に寄り添う農業をしたい」という農家の"志"を支えようと誕生した「SHARE THE LOVE for JAPAN」は、2021年、活動10周年を迎えました。わたしたちは、農家のさまざまな生き方や考えに触れる中で、その人生の面白さに感銘を受け、それほどまでに人を惹きつける「農の懐の深さ」に心を動かされてきました。

「SHARE THE LOVE for JAPAN」に参加いただいている農家さんは、美味しい、安心・安全はもちろんのこと、環境保全や伝統の継承、地域コミュニティの活性化など、それぞれにとっての重要な価値を「大地にやさしい農業」に見出し、信念を持って農業に取り組んでいます。誰一人として同じ生き方のない、魅力あふれる農の担い手との出会いの場となれば、との思いから「SHARE THE LOVE 大地を愛する人々」と題したこの本は生まれました。

生命力あふれる大地や作物、農と向き合う人間の姿を力強く切り取った写真の数々。核心に迫るインタビューを通じて紡ぎ出された、その人だけの興味深い物語。一人ひとりの魅力が詰まったビジュアルとテキストを通じて、真の豊かさや幸せを求めて大地と共に生きようとする人々が秘めるエネルギーを感じ取っていただけたら幸いです。そこには、頻発する自然災害やコロナ禍で強まる社会の閉塞感の中、大量消費社会が生み出した既存の価値観を超えて、希望ある未来を生きるためのヒントが隠れている気がしてなりません。

最後に、制作に関わってくださったすべての方々、ご登場いただいた農家の皆さまに心より感謝申し上げます。そして、この本を手に取ってくださった皆さま、本当にありがとうございます。巻末には、ここに登場した農家さんたちの所在地を示したマップを掲載しています。あなたの暮らす地域の近くにいる農家さんを見つけて、大地の恵みを届けてくれる「大地を愛する人々」とつながるきっかけにしていだだけたら嬉しく思います。

「SHARE THE LOVE for JAPAN」では、これからも"思い"を共にする参加農家の輪を広げ、「大地にやさしい農業」の発展が、大地と人、人と人が支えあう豊かな社会の実現につながるよう、活動を続けてまいります。

SHARE THE LOVE for JAPAN プロジェクト主宰者

Farmer's Index

全国で「大地にやさしい農業」を行っている
「SHARE THE LOVE for JAPAN」のコミュニティ。
2021年現在、メンバーは71名になりました。

⑦⑦ カナダ

⑮ **湯浅 純**
南アルプスのオリーブ畑 ながら
山梨県 南アルプス市
> P.170

⑯ **七瀧 佳至**
七瀧農園
山梨県 道志村
> P.114

⑰ **新田 聡**
ウッドランドファーム
石川県 羽咋市
> P.94

関東

⑱ **大島 和行**
大島農園
栃木県 塩谷町
> P.78, P222

⑲ **石原 潤樹**
芽吹音農園
栃木県 鹿沼市
> P.84, P196

⑳ **舘野 廣幸**
舘野廣幸かえる農場
栃木県 野木町
> P.235

㉑ **椿 幸久**
椿ファーム
千葉県 旭市
> P.124

㉒ **高橋 博**
千葉県 富里市
> P.235

㉓ **林 重孝**
林農園
千葉県 佐倉市
> P.235

㉔ **渡邉 学嗣**
わたなべ農園
千葉県 山武市
> P.128

⑨ **吉田 優生**
吉田農園
長野県 上田市
> P.48

⑩ **丹野 良地**
丹野農園
長野県 上田市
> P.44

⑪ **阪本 瑞恵**
むすび農園
長野県 松本市
> P.16, P206

⑫ **橘内 孝太**
長野県 伊那市
> P.32

⑬ **澤登 早苗**
フルーツグロアー澤登
山梨県 牧丘町
> P.234

⑭ **杉浦 秀幸**
restauro terra
山梨県 北杜市
> P.152

④ **渡辺 博之**
北海道 Tree & Berry Village
北海道 豊浦町
> P.144

⑤ **遠藤 五一**
山形県 高畠町
> P.234

⑥ **佐藤 辰彦**
佐藤果樹園
福島県 福島市
> P.138

⑦ **菅野 正寿**
遊雲の里ファーム
福島県 二本松市
> P.235

北海道・東北

① **村上 昭平**
農事組合法人 一心生産組合
北海道 上富良野町
> P.134

② **中村 好伸**
新篠津つちから農場
北海道 新篠津村
> P.234

③ **牧野 萌**
牧野農園
北海道 蘭越町
> P.190

甲信越

⑧ **宮﨑 康介**
信州松代みやざき農園
長野県 長野市
> P.112

SHARE THE LOVE 大地を愛する人々

2021年11月9日　初版第1刷発行

編・監修	「SHARE THE LOVE for JAPAN」Book 制作委員会
発行者	内野峰樹
発行所	株式会社トゥーヴァージンズ
	〒102-0073 東京都千代田区九段北 4-1-3-8F
	TEL：03-5212-7442
印　刷	藤原印刷株式会社
製　本	加藤製本株式会社

SHARE THE LOVE for JAPAN プロジェクト主宰
株式会社トゥルースピリットタバコカンパニー

写　真	公文健太郎
テキスト	小倉崇、宮本遼子（UKA）
アートディレクション	三村漢（niwa no niwa）
デザイン	大貫茜（niwa no niwa）
編　集	尾崎靖、宮本遼子（UKA）、後藤佑介（TWO VIRGINS）
取材協力	柳原美咲、鈴木ナミ、菅聖子、大沼聡子
	SHARE THE LOVE for JAPAN 事務局
宣伝・販売	神永泰宏、住友千之（TWO VIRGINS）

SHARE THE LOVE for JAPAN 事務局
山田まさる（株式会社コムデックス）
宮本遼子（UKA）
高橋一也（warmer warmer）
北川日向（株式会社トライビート）

Special Thanks
SHARE THE LOVE for JAPAN 参加農家の皆様

ISBN 978-4-910352-08-4